普通高等院校系列规划教材——材料类

材料科学与工程及金属材料工程专业实验教程

主　编　王　卓

副主编　杜　伟　　张尚洲　　宋远明

西南交通大学出版社

·成　都·

图书在版编目（ＣＩＰ）数据

材料科学与工程及金属材料工程专业实验教程 / 王
卓主编. —成都：西南交通大学出版社，2013.8（2017.6
重印）
普通高等院校系列规划教材. 材料类
ISBN 978-7-5643-2445-2

Ⅰ. ①材… Ⅱ. ①王… Ⅲ. ①材料科学－实验－高等
学校－教材②金属材料－实验－高等学校－教材 Ⅳ.
①TB3-33②TG14-33

中国版本图书馆 CIP 数据核字（2013）第 152927 号

普通高等院校系列规划教材——材料类

材料科学与工程及金属材料工程专业实验教程

主编 王 卓

责 任 编 辑	牛 君
助 理 编 辑	李 伟
封 面 设 计	墨创文化
出 版 发 行	西南交通大学出版社 （四川省成都市二环路北一段 111 号 西南交通大学创新大厦 21 楼）
发行部电话	028-87600564　 028-87600533
邮 政 编 码	610031
网 址	http://www.xnjdcbs.com
印 刷	四川森林印务有限责任公司
成 品 尺 寸	185 mm×260 mm
印 张	15
字 数	373 千字
版 次	2013 年 8 月第 1 版
印 次	2017 年 6 月第 2 次
书 号	ISBN 978-7-5643-2445-2
定 价	29.50 元

前　言

随着高新技术的发展，人们把新材料与信息技术、生物技术并列为新科技革命的重要组成部分。材料科学是研究材料组成、结构、工艺、性质、环境影响和使用性能之间相互关系的学科。材料学是交叉学科，同时又是一门与工程技术密不可分的实验学科、工程学科。

在现代材料学领域注重培养学生创新能力、动手能力和实验及实践能力的今天，材料学基础实验及专业实验则显得尤为重要。通过材料学实验，能够提高学生的动手能力，使其掌握基本的实验技能，并在实验过程中培养学生严谨的科学作风，为其今后走向工作岗位或从事科学研究打下坚实的基础。正是在此大前提下，我们集近十年材料学实验教学的经验完成了这本《材料科学与工程及金属材料工程专业实验教程》。

本书由烟台大学王卓教授组织编写。其中，第 1 章由烟台大学刘丽、李海红、贺笑春、赵相金、杜伟、徐仁根、秦连杰、王卓编写；第 2 章由烟台大学张尚洲、徐仁根、李杨编写；第 3 章由烟台大学宋曰海编写；第 4 章由烟台大学赵相金编写；第 5 章由烟台大学宋远明编写；第 6 章由烟台大学王波编写；第 7 章由烟台大学王美娥、刘子全、王波编写；第 8 章由烟台大学蒋润乾、孙学勤、赵相金编写。

由于编者经验不足和水平有限，书中难免存在不妥之处，敬请同行、专家和广大读者批评指正。

编　者

2013 年 5 月于烟台大学

目　录

1　材料科学与工程基础实验

1.1　金相显微镜的构造与调节

金相显微镜用于鉴别和分析各种材料内部的组织。原材料的检验、铸造、压力加工、热处理等一系列生产过程的质量检测与控制需要使用金相显微镜。新材料、新技术的开发以及跟踪世界高科技前沿的研究工作也需要使用金相显微镜。因此，金相显微镜是材料科学领域生产与研究金相组织的重要工具。

1.1.1　实验目的

（1）熟悉金相显微镜的原理、构造、附件、用途及使用须知；
（2）学会金相显微镜的调节与校正；
（3）学会金相显微镜的维护保养。

1.1.2　实验原理

放大镜是最简单的一种光学仪器，它实际上是一块会聚透镜（凸透镜），利用它可以将物体放大。其成像光学原理如图 1.1.1 所示。

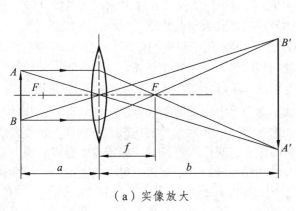

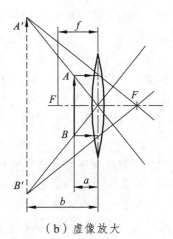

（a）实像放大　　　　　　　　　　（b）虚像放大

图 1.1.1　放大镜光学原理图

当物体 AB 置于透镜焦距 f 以外时，得到倒立的放大实像 $A'B'$，如图 1.1.1（a）所示，它的位置在 2 倍焦距以外。若将物体 AB 放在透镜焦距内，就可看到一个正立的放大虚像 $A'B'$，如图 1.1.1（b）所示。像的长度与物体的长度之比（$A'B'/AB$）就是放大镜的放大倍数（放大率）。若放大镜到物体之间的距离 a 近似等于透镜的焦距（$a \approx f$），而放大镜到像间的距离 b 近似相当于人眼明视距离（250 mm），则放大镜的放大倍数为 $N = b/a = 250/f$。

因此，透镜的焦距越短，放大镜的放大倍数越大。一般采用的放大镜焦距为 10 ~ 100 mm，因而放大倍数为 2.5 ~ 25 倍。进一步提高放大倍数，将会由于透镜焦距缩短和表面曲率过分增大而使形成的像模糊不清。为了得到更高的放大倍数，就要采用显微镜，显微镜可以使放大倍数达到 1 500 ~ 2 000 倍。

显微镜不像放大镜那样由单个透镜组成，而是由两级特定透镜所组成。靠近被观察物体的透镜叫作物镜，而靠近眼睛的透镜叫作目镜。借助物镜与目镜的两次放大，就能将物体放大到很高的倍数（~2 000 倍）。图 1.1.2 是在显微镜中得到的放大物像的光学原理图。

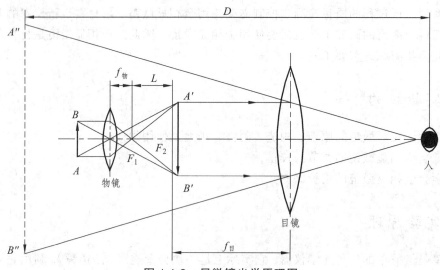

图 1.1.2　显微镜光学原理图

被观察的物体 AB 放在物镜之前，距其焦距略远一些的位置，由物体反射的光线穿过物镜，经折射后得到一个放大的倒立实像 $A'B'$，目镜再将实像 $A'B'$ 放大成倒立虚像 $A''B''$，这就是我们在显微镜下研究实物时所观察到的经过二次放大后的物像。

在设计显微镜时，让物镜放大后形成的实像 $A'B'$ 位于目镜的焦距 $f_目$ 之内，并使最终的倒立虚像 $A''B''$ 在距眼睛 250 mm 处成像，这时观察者看到的像最清晰。

透镜成像规律是依据近轴光线得出的结论。近轴光线是指与光轴接近平行（即夹角很小）的光线。由于物理条件的限制，实际光学系统的成像与近轴光线成像不同，两者存在偏离，这种相对于近轴成像的偏离就叫作像差。像差的产生降低了光学仪器的精确性。按像差产生的原因可分为两类：一类是单色光成像时的像差，叫作单色像差，如球差、慧差、像散、像场弯曲和畸变均属单色像差；另一类是多色光成像时，由于介质折射率随光的波长不同而引起的像差，叫作色差。色差又可分为位置色差和放大率色差。

透镜成像的主要缺陷就是球面差和色差（波长差）。球面差是指由于球面透镜的中心部分和边缘部分的厚度不同，造成不同的折射现象，致使来自于试样表面同一点上的光线经折射后不能聚集于一点，如图 1.1.3 所示，因此，使像模糊不清。

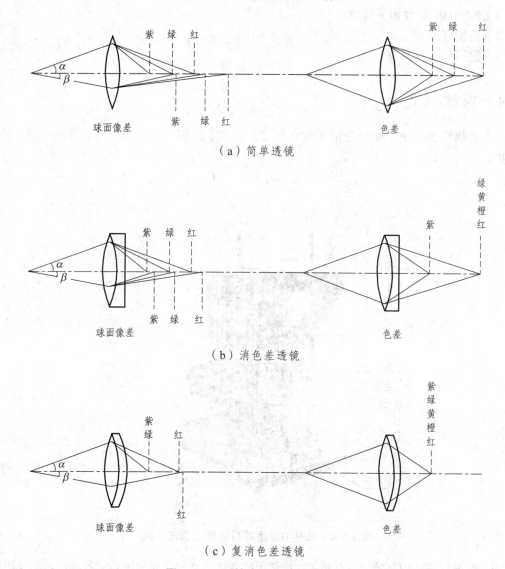

（a）简单透镜

（b）消色差透镜

（c）复消色差透镜

图 1.1.3　透镜产生像差的示意图

　　球面像差的程度与光通过透镜的面积有关。光圈放得越大，光线通过透镜的面积越大，球面像差就越严重；反之，缩小光圈，限制边缘光线射入，使用通过透镜中心部分的光线，可减小球面像差。但光圈太小，也会影响成像的清晰度。色差的产生是由于白光中各种不同波长的光线在穿过透镜时折射率不同，其中紫色光线的波长最短，折射率最大，在距透镜最近处成像；红色光线的波长最长，折射率最小，在距透镜最远处成像；其余的黄、绿、蓝等光线则在它们之间成像。这些光线所成的像不能集中于一点，而呈现带有彩色边缘的光环。色差的存在也会降低透镜成像的清晰度，也应予以校正。通常采用单色光源（或加滤光片），也可使用复合透镜消除色差。

1.1.3 实验仪器、设备及材料

（1）XJP-100 型金相显微镜；
（2）实验样品；
（3）擦镜纸、洗耳球。

1.1.4 实验内容

（1）教师结合 XJP-100 型金相显微镜（见图 1.1.4）讲解显微镜的结构、成像原理、使用及维护；

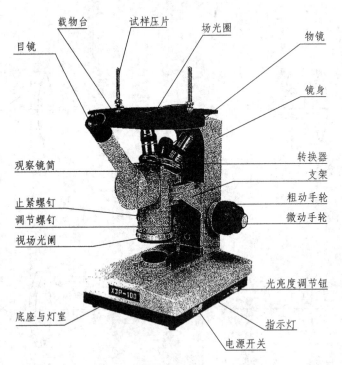

图 1.1.4 XJP-100 型单目倒置金相显微镜

（2）在教师讲解的基础上，对照实物详细了解 XJP-100 型金相显微镜的各部件名称及用途；
（3）通过观察整个金相样品的实际操作过程，学会正确的操作方法，包括物镜和目镜的选择与匹配、调焦、孔径光阑和视场光阑的调节、放大倍数的计算、暗场的使用、垂直照明器的选用、滤色片的选用等。

1.1.5 实验步骤及方法

（1）每人领取 1 个实验样品，分别在指定的显微镜上观察，确认显微镜光亮度调节钮在最低位，方可打开显微镜电源开关；
（2）调节亮度：可以用光亮度调节钮（沿箭头方向亮度加强，反方向亮度降低）调节亮

度；当视域中光的亮度不符合要求时，则需转动孔径光阑环进行调节，改变入射光的直径大小，使视域中亮度适中；

（3）试样放在载物台上，抛光面对着物镜（样品不要用弹簧夹固定）；

（4）选用 10×目镜、10×物镜进行粗对焦，眼看物镜头，调节粗调旋钮，使物镜缓慢上升与试样渐渐靠近至有一缝之隔时（注意切勿使镜头与试样碰撞），再看目镜，转动粗调旋钮缓慢下降物镜，直到视域中看到显微组织为止，再调节细调旋钮升、降物镜至看到清晰显微组织为止；

（5）选用 10×、40×物镜，不同大小的孔径光阑和视场光阑，对样品进行观察，移动载物台，对试样各部分组织进行观察，从中学会调焦、选用合适的孔径光阑和视场光阑、确定放大倍数及移动载物台的方法；

（6）观察结束后，先将光亮度调节钮推至最低位，然后切断电源，将金相显微镜复原。

1.1.6　实验报告

（1）画出所观察试样的显微组织图，并且标明材料名称、放大倍数。
（2）通过自己的实验操作及校正，写出金相显微镜的调节、校正方法。

1.1.7　讨论题

（1）金相显微镜各部件的名称及用途是什么？
（2）金相显微镜与偏光显微镜在构造上有什么异同？

1.2　偏光显微镜的构造与调节

偏光显微镜是用于研究所谓透明与不透明各向异性材料的一种显微镜。凡具有双折射的物质，在偏光显微镜下就能分辨清楚，当然这些物质也可用染色法来进行观察，但有些则不能，而必须利用偏光显微镜。偏光显微镜是利用光的偏振特性对具有双折射性物质进行研究鉴定的必备仪器，可作单偏光观察，正交偏光观察，锥光观察。

1.2.1　实验目的

（1）掌握偏光显微镜的基本构造、装置及各部件的名称、用途；
（2）学会偏光显微镜的调节、校正及操作方法。

1.2.2　实验原理

1. 单折射性与双折射性

光线通过某一物质时，如光的性质和进路不因照射方向而改变，这种物质在光学上就具有"各向同性"，又称单折射体，如普通气体、液体以及非结晶性固体。若光线通过另一物质时，光的速度、折射率、吸收性和光波的振动性、振幅等因照射方向而有不同，这种物质在光学上则具有"各向异性"，又称双折射体，如晶体、纤维等。

2. 光的偏振现象

光波根据振动的特点，可分为自然光与偏光。自然光的振动特点是在垂直光波传导轴上具有许多振动面，各平面上振动的振幅相同，其频率也相同。自然光经过反射、折射、双折射及吸收等作用，可以成为只在一个方向上振动的光波，这种光波则称为"偏光"或"偏振光"，如图 1.2.1 所示。

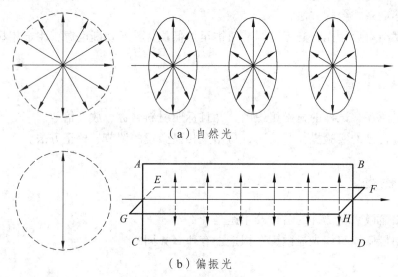

（a）自然光

（b）偏振光

图 1.2.1　自然光与偏振光

3. 偏光的产生及其作用

偏光显微镜最重要的部件是偏光装置——起偏器和检偏器。过去两者均为尼科尔（Nicola）棱镜组成，它是由天然的方解石制作而成，但由于受到晶体体积的限制，难以取得较大面积的偏振，近年来偏光显微镜则采用人造偏振镜来代替尼科尔棱镜。人造偏振镜是以硫酸喹啉（又名 Herapathite）晶体制作而成，呈绿橄榄色。当普通光通过它后，就能获得只在一直线上振动的直线偏振光。

偏光显微镜有两个偏振镜，一个装置在光源与被检物体之间的叫"起偏镜"；另一个装置在物镜与目镜之间的叫"检偏镜"，有手柄伸手镜筒或中间附件在外方以便操作，其上有旋转角的刻度。

从光源射出的光线通过两个偏振镜时，如果起偏镜与检偏镜的振动方向互相平行，即处于"平行检偏位"的情况下，则视场最为明亮。反之，若两者互相垂直，即处于"正交检偏位"的情况下，则视场完全黑暗。如果两者倾斜，则视场表明出中等程度的亮度。由此可知，起偏镜所形成的直线偏振光，如其振动方向与检偏镜的振动方向平行，则能完全通过；如果偏斜，则只可以通过一部分；如果垂直，则完全不能通过。

因此，在采用偏光显微镜时，原则上要使起偏镜与检偏镜处于正交检偏位的状态下进行。

4. 正交检偏位下的双折射体

在正交的情况下，视场是黑暗的，如果被检物体在光学上表现为各向同性（单折射体），无论怎样旋转载物台，视场仍为黑暗，这是因为起偏镜所形成的直线偏振光的振动方向不发生变化，仍然与检偏镜的振动方向互相垂直的缘故。若被检物体中含有双折射性物质，则这部分就会发光，这是因为从起偏镜射出的直线偏振光进入双折射体后，产生振动方向互相垂直的两种直线偏振光，当这两种光通过检偏镜时，由于互相垂直，或多或少可透过检偏镜，就能看到明亮的像。光线通过双折射体时，所形成两种偏振光的振动方向，依物体的种类而有不同。

双折射体在正交情况下，旋转载物台时，双折射体的像在360°的旋转中有4次明暗变化，每隔90°变暗一次。变暗的位置是双折射体的两个振动方向与两个偏振镜的振动方向相一致的位置，称为"消光位置"。从消光位置旋转45°，被检物体变为最亮，这就是"对角位置"，这是因为偏离45°，偏振光到达该物体时，分解出部分光线可以通过检偏镜，故而明亮。根据上述基本原理，利用偏光显微镜就可能判断各向同性（单折射体）和各向异性（双折射体）物质。

5. 干涉色

在正交检偏位情况下，用各种不同波长的混合光线为光源观察双折射体，在旋转载物台时，视场中不仅出现最亮的对角位置，而且还会看到颜色。出现颜色的原因，主要是由干涉色而造成的（当然也可能是被检物体本身并非无色透明）。干涉色的分布特点决定于双折射体的种类和它的厚度，是由于相应推迟对不同颜色光的波长的依赖关系，如果被检物体的某个区域的推迟和另一区域的推迟不同，则透过检偏镜光的颜色也就不同。

1.2.3 实验仪器、设备及材料

（1）XPT-7 型偏光显微镜（见图 1.2.2）；

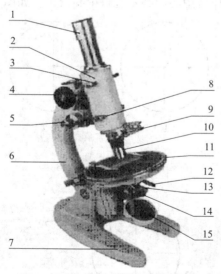

图 1.2.2　XPT-7 型偏光显微镜

1—目镜；2—镜筒；3—勃氏镜；4—粗动螺丝；5—微调螺丝；6—镜臂；7—镜座；8—上偏光镜；9—试板孔；
10—物镜；11—载物台；12—聚光镜；13—锁光圈；14—下偏光镜；15—反光镜

（2）黑云母薄片；

（3）擦镜纸、洗耳球。

1.2.4 实验内容

（1）教师结合实物讲解 XPT-7 型偏光显微镜的基本构造及使用方法。

（2）用偏光显微镜观察、分析黑云母花岗岩薄片的显微结构。

1.2.5 实验步骤及方法

1. 调节照明（对光）

装上 5×目镜（十字丝位于东西南北方向）、10×物镜，打开锁光圈，推出上偏光镜、勃氏镜和聚光镜（拉索透镜），转动反光镜对准光源，直至视域最亮为止。

2. 调节焦距

将黑云母花岗岩薄片置于旋转工作台中心，其盖玻璃朝上并用薄片夹夹紧。

从侧面看着物镜镜头，转动粗动螺丝，使镜筒缓缓下降至物镜镜头快接近薄片为止，切勿使镜头与薄片相碰。从目镜中观察，并转动粗动螺丝，使镜筒缓缓上升，直到视域内出现物像并较清楚后，再转动微动螺丝至物像清晰为止。

3. 偏光显微镜的校正

（1）校正物镜中心。

① 观察旋转工作台上的薄片，在薄片中找一小黑点，使之位于十字丝中心。

② 转动工作台，若物镜中心与工作台中心不一致，小黑点就离开十字线中心 a 绕偏心圆转动，偏心圆中心 o 即为工作台中心，必须进行中心校正，如图 1.2.3 所示。

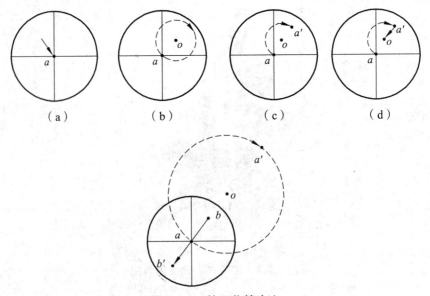

|（a）|（b）|（c）|（d）|

图 1.2.3 校正物镜中心

③ 转动工作台 180°（小黑点位于 *a'* 处，此时小黑点距十字丝中心最远）借助物镜座上两个调节螺丝调节，使小黑点自 *a'* 移 *aa'* 距离的一半，如此循环进行上述操作，即可使物镜中心与旋转工作台中心重合。

（2）偏光镜的校正。

① 确定下偏光镜的振动方向。

用黑云母来检验下偏光镜的振动方向，首先在视域中找一块完全解理的黑云母切面，移至视域中心，使解理缝方向平行十字丝东西方向，推出上偏光镜、勃氏镜和聚光镜（拉索透镜），转动下偏光镜至黑云母颗粒切面颜色最深呈黑褐色为止。此时黑云母的解理缝方向（也即十字丝东西方向）就是下偏光镜的振动方向 *PP*，转动载物台 90°，黑云母的解理缝方向平行十字丝南北方向（即垂直下偏光镜振动方向）时，黑云母颗粒切面颜色最浅呈淡黄色，如图 1.2.4 所示。

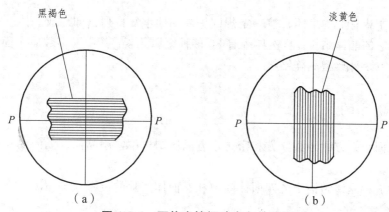

图 1.2.4　下偏光镜振动方向的确定

② 校正上、下偏光镜振动方向是否正交。

由于 XPT-7 型偏光显微镜中上偏光镜的振动方向 *AA* 是固定在平行十字丝南北方向上的，故当下偏光镜振动方向确定在平行十字丝东西方向后，推入上偏光镜，上、下偏光镜振动方向即应互相垂直，此时除去薄片，视域应全黑。若视域不够黑，则可缓缓旋转下偏光镜，直到视域最黑为止。

③ 校正上、下偏光镜振动方向是否与十字丝平行。

1.2.6　实验报告

（1）用黑云母检查上、下偏光镜的振动方向，将检查结果填入表 1.2.1 中，绘出用黑云母确定下偏光镜振动方向的示意图。

表 1.2.1　偏光镜的校正记录表

偏光条件\观察结果	上偏光镜	下偏光镜
振动方向		
表示方法		

（2）通过自己的实验操作，写出偏光显微镜的调节及校正方法。

1.2.7 讨论题

（1）偏光显微镜主要有哪些部件组成？

（2）在校正中心时，扭动校正螺丝，为什么只能使质点 a' 移至偏心圆的中心，而不是移至十字丝交点？

（3）怎样确定偏光显微镜的振动方向？

1.3 典型晶体结构的钢球堆垛模型分析

原子、分子或它们的集团，按一定规则呈周期性重复排列，即构成晶体。材料的各种性能主要取决于它的晶体结构。自然界中有 80 多种金属元素，其中大多数属于面心立方、体心立方和密排六方 3 种典型晶阵结构。

1.3.1 实验目的

（1）熟悉面心立方、体心立方和密排六方晶体结构中常用晶面、晶向的几何位置、原子排列和致密度；

（2）熟悉 3 种晶体结构中的四面体间隙和八面体间隙的位置和分布。

1.3.2 实验原理

1. 3 种典型晶体结构

体心立方结构、面心立方结构和密排六方结构是 3 种最典型、最常见的晶体结构，其中前两种属于立方晶系，后一种属于六方晶系。

体心立方结构的晶胞的 3 个棱边长度相等，3 个轴间夹角均为 90°，构成立方体。除了在晶胞的 8 个角上各有 1 个原子外，在立方体的中心还有 1 个原子。具有体心立方结构的金属有 α-Fe、Cr、V、Nb、Mo、W 等 30 多种。

面心立方结构的晶胞的 8 个角上各有 1 个原子，构成立方体，在立方体 6 个面的中心各有 1 个原子。具有面心立方结构的金属有 γ-Fe、Cu、Ni、Al、Ag 等 20 多种。

密排六方结构在晶胞的 12 个角上各有 1 个原子，构成六方柱体，上底面和下底面的中心各有 1 个原子，晶胞内还有 3 个原子。具有密排六方结构的金属有 Zn、Mg、Be、α-Ti、α-Co、Cd 等。

2. 配位数和致密度

晶胞中原子排列的紧密程度也是反映晶体结构特征的一个重要因素，通常用两个参数来表征：一是配位数，另一是致密度。

配位数是指晶体结构中与任一个原子最近邻、等距离的原子数目。配位数越大，晶体中的原子排列便越紧密。

致密度是把原子看作刚性圆球，那么原子之间必然存在空隙，原子所占体积与晶胞体积之比便被称为致密度或密集系数，可用下式表示：

$$K = \frac{nV_1}{V} \tag{1-3-1}$$

式中　K——晶体的致密度；

　　　n——1 个晶胞实际包含的原子数；

　　　V_1——1 个原子的体积；

　　　V——晶胞的体积。

3. 晶向指数和晶面指数

在晶体中，由一系列原子所组成的平面称为晶面，任意两个原子之间连线所指的方向称为晶向。晶面指数和晶向指数是表征不同晶面和晶向的原子排列情况及其在空间的位向的参量。

晶向指数的确定步骤如下：

（1）以晶胞的 3 个棱边为坐标轴 x、y、z，以棱边长度（即晶格常数）作为坐标轴的长度单位。

（2）从坐标轴原点引一有向直线平行于待定晶向。

（3）在所引有向直线上任取一点（为了分析方便，可取距原点最近的那个原子），求出该点在 x、y、z 轴上的坐标值。

（4）将 3 个坐标值按比例化为最小简单整数，依次写入方括号中，即得所求的晶向指数。

通常，$[u\,v\,w]$ 可表示为晶向指数的普遍形式，若晶向指向坐标为负方向时，则坐标值中出现负值，这时在晶向指数的这一数字上加一负号。

晶面指数的确定步骤如下：

（1）以晶胞的 3 条相互垂直的棱边为参考坐标轴 x、y、z，坐标原点 O 应位于待定晶面之外，以免出现零距离。

（2）以棱边长度（即晶格常数）为度量单位，求出待定晶面在各轴上的截距。

（3）取各截距的倒数，并化为最小简单整数，放在圆括号内，即为所求的晶面指数。

晶面指数的一般表示形式为（$h\,k\,l$）。如果所求晶面在坐标轴上的截距为负值，则在相应的指数上加一负号。

1.3.3　实验仪器、设备及材料

医用镊子、钢球或乒乓球、晶体结构模型。

1.3.4 实验内容

（1）把钢球作为金属原子，堆垛出面心立方和体心立方晶体的（１００）、（１１０）、（１１１）和（１１２）晶面。

（2）用钢球按最密排面堆垛的顺序堆垛出面心立方和密排六方晶体结构。

（3）借助模型，找出 3 种晶体结构中两种间隙的位置。

1.3.5 实验步骤及方法

（1）用镊子将球一个一个放入盒内，堆垛出面心立方和体心立方晶体的（１００）、（１１０）、（１１１）和（１１２）晶面。

（2）逐个分析上述所堆晶面上原子的分布特征，如实画出原子分布。

（3）用球堆垛出密排六方和面心立方晶体结构。

（4）借助晶体结构模型分析间隙位置。

1.3.6 实验报告

（1）晶体结构参数（见表 1.3.1）。

表 1.3.1 晶体结构参数表

晶体结构	原子半径	原子数	配位数	致密度
体心立方				
面心立方				
密排六方				

（2）画出立方晶系的[１００]、[１１０]、[１１１]、[２１０]晶向和（１００）、（１１０）、（１１１）、（１１２）晶面。

1.3.7 讨论题

（1）画出面心立方和体心立方晶体结构的（１１０）、（１１１）和（１１２）晶面的原子分布图。

（2）指出 3 种晶体结构的最密排晶面和最密排晶向。

1.4 晶粒度的测定及评级方法

材料的晶粒大小叫晶粒度。它与材料的有关性能有密切关系，因此，测量材料的晶粒度有十分重要的实际意义。

1.4.1 实验目的

（1）学习金相组织中晶粒大小的测定方法；

（2）了解晶粒度的评级方法。

1.4.2 实验原理

材料的晶粒度一般是以单位测试面积上的晶粒的个数来表示的。目前，世界上统一使用的是美国的 ASTM 推出的计算晶粒度的公式：

$$N_A = 2^{G-1} \tag{1-4-1}$$

$$G = \lg N_A / \lg 2 + 1 \tag{1-4-2}$$

式中　G——晶粒度级别；

　　　N_A——显微镜下放大 100 倍，6.45 cm^2 的面积上晶粒的个数。

晶粒大小的测量方法有以下几种：

1. 比较法

实际工作中常采用在 100 倍的显微镜下与标准评级图对比来评定晶粒度。

2. 面积法

通过计算给定面积内晶粒数来测定晶粒度。

3. 截线法

截线法（也称线分析法）是在给定长度测试线上测出与晶界相交的点数来测定晶粒度大小的，是应用最广泛的方法。它速度快、精度高，一般经过 5 次测量即可得到满意的结果。

自动图像分析仪是利用计算机处理图像信息，包括几何信息（尺寸、数量、形貌、位置）和色彩信息的装置，并能自动完成数据的统计处理。图像分析仪测量速度快，能快速进行多次测量，同时还避免了人为误差（如漏数或重数），提高了测量精度。

图像分析仪信息处理的流程如下：

光学成像→光电转换→信号预处理→检测→图像变换→分析→分析识别→数据处理

图像分析经常进行的测定工作有：

（1）第二相的体积分数的测量，如珠光体、碳化物、磷共晶等。

（2）各类夹杂物的数量、形状、平均尺寸及分布。

（3）碳化物的平均尺寸及平均间距。

（4）晶粒度及晶界总长度、总面积。

（5）高合金工具钢中碳化物的带状偏析。

图像分析仪对试样的制备要求很高，因为它是依靠灰度或边界辨认组织的，故残留磨痕、抛光粉等异物的嵌入及浸蚀程度过浅或过深，某些组织的剥落都会引起测量误差，尽管软件中已考虑到这些影响因素，但误差仍不可避免，有时还相当严重。因此，为了提高图像分析仪的测量精度，除了配备分辨率高的显微镜外，必须保证良好的制样质量，各种组织的衬度要分明，轮廓线要尽可能细而清晰、均匀。采用各种染色或选择性显色技术可取得更佳的效果。

1.4.3 实验仪器、设备及材料

（1）XJL-03 型金相显微镜；
（2）PL-A600 Series Camera Kit Release 3.2 型数码摄像系统；
（3）DT2000 图像分析系统；
（4）测试样品；
（5）擦镜纸、洗耳球。

1.4.4 实验内容

用 XJL-03 型金相显微镜、PL-A600 Series Camera Kit Release 3.2 型数码摄像系统及 DT2000 图像分析软件测量晶粒大小。

1.4.5 实验步骤及方法

（1）用 XJL-03 型金相显微镜，10×目镜与 10×物镜构成 100 倍的显微镜，观察碳钢试样。
（2）图像采集。用 PL-A600 Series Camera Kit Release 3.2 型数码摄像系统及 DT2000 图像分析软件将图像采集到程序主界面中，在主界面中将该图像直接以 JPG 的格式存到磁盘，以便分析，同时采集窗口关闭。
（3）图像定标、叠加标尺。在图像测量菜单中对图像进行"定标"，在编辑菜单中"叠加标尺"后保存图像。
（4）测量碳钢组织中铁素体晶粒大小。
图像中的浅色是铁素体晶粒，在测量中计算机习惯处理深色部分，所以在图像处理菜单中对图像进行"图像反相"，使颜色发生逆转，将铁素体晶粒变成深色。在目标处理菜单中进行"自动分割"，铁素体晶粒变成红色，对连在一起的晶粒进行"颗粒切分"，每个晶粒间出现明显界线。在编辑菜单中进行"测量设置"，测量晶粒度只选取参数"等效圆直径"即可。在图像测量菜单中进行"目标测量"，自动显示出图像中铁素体的相对量，进行数据传送至 Excel 文件，保存数据。

1.4.6 实验报告

（1）求出所测试样的晶粒度。
（2）简述影响图像分析软件分析显微组织中定量参数的因素。

1.4.7　讨论题

（1）简述晶粒度对钢的性能的影响。

（2）分析加热温度对晶粒大小的影响。

1.5　固态金属中的扩散

扩散是固体材料中的一个重要现象，例如，金属铸件的凝固及均匀化退火，冷变形金属的回复和再结晶，陶瓷或粉末冶金的烧结，材料的固态相变，以及各种表面处理等，都与扩散密切相关。要深入了解和控制这些过程，就必须先掌握扩散的基本定律。

1.5.1　实验目的

（1）验证固体金属中扩散的基本规律，了解影响扩散的主要因素；

（2）用扩散定律的误差函数解估算碳在铁中的扩散系数，加深对扩散定律的理解；

（3）学会根据相图分析反应扩散后形成的组织。

1.5.2　实验原理

1. 碳在铁中扩散系数 D 的估算

费克（Fick）第二定律的数学表达式为

$$\frac{\partial}{\partial x}\left(D\frac{\partial C}{\partial x}\right)=\frac{\partial C}{\partial t} \tag{1-5-1}$$

若 D 为常数，则式（1-5-1）可写成：

$$D\frac{\partial^2 C}{\partial x^2}=\frac{\partial C}{\partial t} \tag{1-5-2}$$

对纯铁进行渗碳，利用初始条件和边界条件，并通过变量置换可求出方程（1-5-2）的解为

$$C = C_s\left[1-\mathrm{erf}\left(\frac{x}{2\sqrt{Dt}}\right)\right] \tag{1-5-3}$$

式中　C——距表面 x 处的碳浓度；

　　　C_s——试样表面的碳浓度；

　　　x——渗层深度；

　　　t——渗碳时间，s；

　　　D——碳在铁中的扩散系数，m^2/s。

式（1-5-3）为纯铁渗碳时扩散第二定律的误差函数解。式中有 5 个变量，若能通过实验

确定其中的 4 个，则通过查误差函数表[erf（β）与β的对应值表]即可求出第 5 个量。为了求扩散系数 D，必须知道 t，C_s，x 和 C。其中 t 为渗碳时间，只要在渗碳时把它记录下来即可。试样表面碳浓度 C_s，可以通过将渗碳试样表面剥下很薄的一层进行成分分析（如化学分析）来确定，但要求在渗碳过程及随后的冷却过程中不氧化、不脱碳，渗碳后试样表面保持洁净；若用可控气体进行渗碳，则 C_s 可由渗碳气体的碳势近似给出。距表面某一深度 x 处的碳浓度 C，可通过逐步剥层定碳法（简称剥层定碳法）确定，也可用金相法通过测量渗层深度近似给出。为了便于实验者在实验课内亲自进行测量，本实验采用金相法确定 C 和 x 的对应值。采用金相法的条件是渗碳后的试样必须缓慢地进行冷却。以尽可能地接近平衡状态。把自表面至半珠光体层（50% 珠光体，50% 铁素体）的深度 x 定为渗碳层深度，半珠光体层碳浓度近似地取为 0.40%。知道了 C、x、C_s 和 t，通过查表和进行简单的计算，就可求出 D。

2. 铜-锌扩散偶的扩散层组织

将熔化后的纯锌浇铸到特制的小型纯铜坩埚中，然后在较高的温度下进行较长时间的加热（如 500 ℃，10 h），使之发生固态下的扩散。冷却后，将其沿纵向（或横向）剖开，再把剖面磨平、抛光，并进行化学腐蚀。这时在金相显微镜下观察其扩散层组织，可以看到 4 个清晰的界面（1，2，3，4）和 5 个区（α，β，γ，ε，$\varepsilon + \eta$），如图 1.5.1 所示。

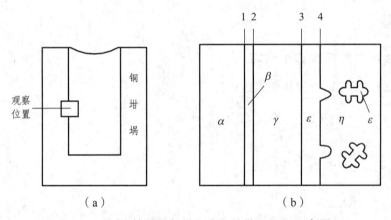

图 1.5.1　铜-锌扩散偶纵剖面和扩散层组织示意图

分析扩散层组织可借助相图。图 1.5.2 为 Cu-Zn 二元相图。在 Cu-Zn 二元相图中，从铜组元到锌组元依次有 α、$\alpha + \beta$、β、$\beta + \gamma$、γ、$\gamma + \varepsilon$、ε、$\varepsilon + \eta$、η 9 个相区，其中 5 个单相区，4 个两相区。但在铜-锌扩散偶的扩散层中，只有 α，β，γ，ε 4 个单相区，而在单相区之间并没有两相区存在。这是由于对于二元系扩散偶，假如有两相混合区存在的话，如 α 和 β 平衡共存，则此时化学位相等，即 $\mu_i^\alpha = \mu_i^\beta$，因而在该层中 $\dfrac{\partial \mu_i}{\partial x} = 0$。在这段区域中由于没有扩散驱动力，扩散便不能进行。由公式

$$J_i = -C_i B_i \frac{\partial U_i}{\partial x} \tag{1-5-4}$$

可知，若 $\dfrac{\partial \mu_i}{\partial x}=0$，则通过此区的流量为零，表明组元 i 的扩散不能进行，而实际情况是，随着扩散加热时间的延长（不是无限长），扩散层各区的尺寸不断增厚，说明扩散过程一直在进行。因此，如果在二元系扩散偶中出现两相混合区层，流入或流出此区边界的扩散将引起一相的消失，最后两相混合区层将消失。铜-锌扩散仍属于二元系扩散偶，各区都是固态下扩散的产物，不可能有两相混合区层存在。

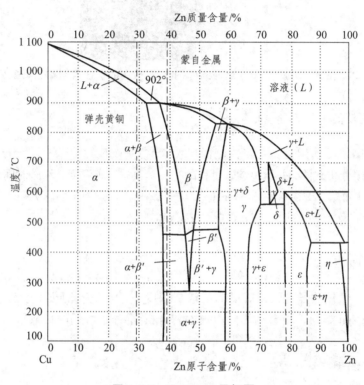

图 1.5.2　Cu-Zn 二元相图

图 1.5.3 为在 380 ℃ 加热 10 h 后得到的钢-锌扩散偶的扩散层组织（横剖面）。由于扩散温度较低，各单相区层的厚度显著减小，其中 β 相由于该层太薄，致使在倍数低的显微镜下看不清楚，由此可以看到温度对扩散的重大影响。由于锌在扩散加热过程中保持固态（锌的熔点为 419 ℃），所以在坩埚中心区域没有两相组织，而只有 η 相。η 相是在加热过程中通过扩散形成的以锌为溶剂、以铜为溶质的固溶体。由于是在固态下的扩散，η 相仍保持浇铸锌得到的柱状晶形态。由图 1.5.2 和图 1.5.3 也可以看到，在各单相区层之间只有相界面，而无两相混合区层存在。扩散偶在加热扩散以前，只有纯铜（坩埚）和纯锌（浇铸于坩埚内）两种单一的金属，通过扩散在它们之间形成了 α、β 和 ε 相。这种通过扩散而形成新相的现象称为反应扩散或相变扩散。二元系发生反应扩散时，在扩散过程中渗层的各部分都不可能有两相混合区出现。

图 1.5.3　380 ℃ 加热 10 h 后得到的钢-锌扩散偶的扩散层组织（横剖面）

1.5.3　实验仪器、设备及材料

（1）金相显微镜（所用目镜带目镜测微尺），物镜测微尺；

（2）纯铁渗碳金相试样，并给出渗碳过程的有关参数（渗碳温度、渗碳时间和表面碳浓度）；

（3）500 ℃ 扩散 10 h 的铜-锌扩散偶金相试样；

（4）380 ℃ 扩散 10 h 的铜-锌扩散偶金相试样。

1.5.4　实验内容

（1）用金相显微镜测量纯铁渗碳试样的渗层深度 x（半珠光体层到表面的距离）。

（2）对照 Cu-Zn 相图，用金相显微镜观察和分析铜-锌扩散偶的扩散层组织。

1.5.5　实验步骤及方法

（1）用金相显微镜测量纯铁渗碳试样的渗层深度 x（半珠光体层到表面的距离）。每块试样应在不同部位测量 3 次，然后取其平均值。根据 x、C（取 0.4%）、C_s（实验给出）和 t（实验给出），求碳在铁中的扩散系数 D。由于扩散系数与温度有关，所求 D 值为渗碳温度下碳在铁中的扩散系数。

（2）对照 Cu-Zn 相图，用金相显微镜观察、分析铜-锌扩散偶的扩散层组织（500 ℃ 扩散 10 h 和 380 ℃ 扩散 10 h 两种），并测量扩散层中 β、γ 和 ε 相区的厚度 z。

1.5.6　实验报告

（1）设计一个表格，把 T（渗碳温度）、t（渗碳时间）、C_s（表面碳浓度）、x_1、x_2、x_3、x 及 D 填入表内。

（2）用求得的 D 值和已知的 t、C_s 值求不同深度的碳浓度，并建立渗层的 C 浓度-x 曲线，所设 x 值不得少于 8 个。

（3）分别画出 500 ℃ 扩散 10 h 和 380 ℃ 扩散 10 h 的铜-锌扩散偶扩散层组织示意图，并注明各层各相的名称。

（4）以距离 z 为横坐标，以锌浓度为纵坐标，将实验中测得的各相区的厚度标在横坐标上，根据 Cu-Zn 相图确定 500 ℃ 和 380 ℃ 各相的最低含锌量和最高含锌量，然后建立扩散层中锌浓度分布曲线，即 Zn 浓度-z 曲线。

（5）由于 α 和 η 相的层厚未经实验测定，作图时可定性画出，α 相画到含锌量为零，η 相画到含锌量为 100%（对于 380 ℃ 加热扩散）。对于 500 ℃ 加热的扩散偶，中心区域的 $\varepsilon + \eta$ 两相组织的平均含锌量可根据 Cu-Zn 相图和扩散温度确定。

1.5.7 讨论题

（1）如果测定杂质的扩散系数 D，应考虑哪些条件？如何设计实验方案？
（2）影响扩散的主要因素有哪些？

1.6 金属塑性变形与再结晶组织观察

塑性变形与再结晶是金属材料成型、加工与强化的重要方式。塑性变形与再结晶都伴随着显微组织的明显变化。金属冷塑性变形、再结晶过程中的显微组织是研究和分析金属性能的基础。

1.6.1 实验目的

（1）观察工业纯铁在不同变形量下的显微组织的变化；
（2）观察工业纯铁在再结晶过程中显微组织的变化；
（3）熟悉金相显微镜的使用方法。

1.6.2 实验原理

1. 冷塑性变形对金属组织的影响

塑性变形是金属的重要特性，当外力超过屈服强度后，金属发生永久变形，即塑性变形。塑性变形使金属的外形、尺寸、显微组织和性能发生了改变。

若金属在再结晶温度以下进行塑性变形，称为冷塑性变形。金属在发生塑性变形时，随着外形的变化，其内部晶粒形状由原来的等轴晶粒逐渐变为沿变形方向伸长的晶粒，在晶粒内部也出现了滑移带或孪晶带。当变形程度很大时，晶粒被显著地拉成纤维状，这种组织称为冷加工纤维组织。同时，随着变形程度的加剧，原来位向不同的各个晶粒会逐渐取得近于一致的位向，而形成了形变织构，使金属材料的性能呈现出明显的各向异性。

2. 加热过程中形变金属的再结晶

金属经冷塑性变形后，由于其内部亚结构细化、晶格畸变等原因，处于高储存能状态，具有自发地恢复到稳定状态的趋势。但在室温下，由于原子活动能力不足，恢复过程不易进行。若对其加热，因原子活动能力增强，就会使组织与性能发生一系列的变化。

（1）回复。当加热温度较低时，原子活动能力尚低，故冷变形金属的显微组织无明显变化，仍保持着纤维组织的特征。

（2）再结晶。当加热温度超过再结晶温度后，将首先在变形晶粒的晶界或滑移带、孪晶带等晶格畸变严重的地带，通过形核与长大方式进行再结晶，获得新的等轴晶粒，消除了冷加工纤维组织、加工硬化和残余应力，使金属又重新恢复到冷塑性变形前的状态。

（3）晶粒长大。冷变形金属再结晶后，如果继续升高加热温度或延长保温时间，再结晶后的晶粒又会逐渐长大，使晶粒粗化。

1.6.3 实验仪器、设备及材料

（1）XJP-100 型金相显微镜；

（2）实验样品：变形量为 0%、20%、40%、60% 的工业纯铁试样一套；预变形量 70%，经 550 ℃、600 ℃、850 ℃ 再结晶的工业纯铁试样一套；

（3）擦镜纸、洗耳球。

1.6.4 实验内容

观察表 1.6.1 给出的工业纯铁冷塑性变形与再结晶组织。

表 1.6.1 工业纯铁冷塑性变形与再结晶组织

编 号	材 料	状 态	组 织	浸蚀剂
1	工业纯铁	退火	等轴晶粒	
2	工业纯铁 20% 变形量	冷变形	扁平组织	
3	工业纯铁 40% 变形量	冷变形	扁平组织	3% 硝酸酒精溶液
4	工业纯铁 60% 变形量	冷变形	纤维组织	
5	工业纯铁 550 ℃ 再结晶	再结晶	纤维组织	
6	工业纯铁 600 ℃ 再结晶	再结晶	等轴晶粒	
7	工业纯铁 850 ℃ 再结晶	再结晶	长大晶粒	

1.6.5 实验步骤及方法

（1）每组顺序更换实验样品，分别在指定的显微镜下观察，确认显微镜光亮度调节钮在最低位，方可打开显微镜电源开关。

（2）试样放在载物台上，抛光面对着物镜，样品不要用弹簧夹固定。

（3）选用 10× 目镜、10× 物镜进行粗对焦，观察图像清晰后再更换 40× 物镜细对焦，在400 倍下观察样品，按要求描绘观察到的显微组织。

（4）观察结束后，先将光亮度调节钮推至最低位，然后切断电源，将金相显微镜复原。

1.6.6　实验报告

（1）画出所观察的 1~7 号样品的显微组织示意图，并在图中标出组织，在图旁标出：编号、材料名称、处理状态、含碳量、金相组织、浸蚀剂、放大倍数等。

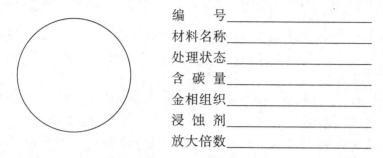

编　　　号＿＿＿＿＿＿＿＿＿＿＿＿

材料名称＿＿＿＿＿＿＿＿＿＿＿＿

处理状态＿＿＿＿＿＿＿＿＿＿＿＿

含　碳　量＿＿＿＿＿＿＿＿＿＿＿＿

金相组织＿＿＿＿＿＿＿＿＿＿＿＿

浸　蚀　剂＿＿＿＿＿＿＿＿＿＿＿＿

放大倍数＿＿＿＿＿＿＿＿＿＿＿＿

（2）根据观察的组织，说明变形量对工业纯铁显微组织的影响规律。

1.6.7　讨论题

（1）随着加热温度的升高，冷变形金属的组织发生什么变化？
（2）分析冷塑性变形对金属力学性能的影响。

1.7　盐类结晶过程观察与纯金属铸锭组织分析

液态金属过冷至熔点以下，其内部就会生成一定尺寸的固相晶核，然后这些晶核不断长大直至与相邻长大的晶核相接触并全部占领整个容积为止。此时，液相消失，结晶过程即告终止。因为金属不透明，不能采用宏观或微观方法直接观察到结晶过程的细节。但是，某些盐类的结晶过程分析可以作为金属结晶过程的佐证。

1.7.1　实验目的

（1）通过观察盐类的结晶过程，掌握晶体结晶的基本规律及特点；
（2）熟悉晶体生长形态及不同结晶条件对晶粒大小的影响；
（3）了解铸造条件对纯金属铸锭组织的影响。

1.7.2　实验原理

熔化状态的金属进行冷却时，当温度降到 T_m（熔点）时并不立即开始结晶，而是当降到 T_m 以下的某一温度后结晶才开始，这一现象称为过冷。熔点 T_m 与开始结晶的温度之差 ΔT 称为过冷度。过冷现象表明，金属结晶必须有一定的过冷度，只有具有一定的过冷度才能为结晶提供相变驱动力。

结晶由两个基本过程所组成，即过冷液体产生细小的结晶核心（形核）以及这些核心的成长（长大）。其中，形核又分为均匀形核和非均匀形核。通常情况下，由于外来杂质、容器或模壁等的影响，一般都是非均匀形核。

由于金属不透明，通常不能用显微镜直接观察液态金属的结晶过程。然而通过采用生物显微镜可以直接观察盐溶液的结晶过程。实践证明，对透明盐类结晶过程的研究所得出的许多结论，对于金属的结晶都是适用的。

在玻璃片上滴上一滴接近饱和的氯化铵水溶液，放在生物显微镜下观察其结晶过程。随着液体的蒸发，液体逐渐达到饱和。由于液滴边缘处最薄，将首先达到饱和，结晶过程首先从边线开始，然后逐渐向里扩展。

结晶的第一阶段是在液滴的最外层形成一圈细小的等轴晶体。这是由于液滴外层蒸发最快，在短时间内形成了大量晶核。

结晶的第二阶段是形成较为粗大的柱状晶体，其成长的方向是伸向液滴的中心。这是由于此时液滴的蒸发已比较慢，而且液滴的饱和顺序是由外向里的，最外层的细小等轴晶中只有少数位向有利的才能向中心生长，而其横向生长则受到了彼此间的限制，因而形成了比较粗大、带有方向性的柱状晶体。

结晶的第三阶段是在液滴中心部分形成不同位向的等轴晶体。这是由于液滴的中心此时也变得较薄，蒸发也较快，同时液体的补充也不足的缘故。这时可以看到明显的等轴晶体。

图 1.7.1 为氯化铵水溶液结晶过程的一组照片，其中图 1.7.1（a）、（b）为在液滴边缘形成的细小等轴晶体和正在生长的柱状晶体，图 1.7.1（c）为在液滴中心部分形成的位向不同的等轴枝晶。

（a） （b） （c）

图 1.7.1　氯化铵溶液的结晶过程

利用化学中的取代反应，可以看到置换出来的金属以枝晶形式进行生长的过程。例如，在硝酸银水溶液中放入一小段细铜丝，铜将发生溶解，而银则以枝晶形态沉积出来，其反应式为

$$Cu + 2AgNO_3 \rightleftharpoons 2Ag + Cu(NO_3)_2 \tag{1-7-1}$$

又如，在硝酸铅水溶液中放入一小块锌。铅会以枝晶形态沉积出来，其反应式为

$$Zn + Pb(NO_3)_2 \rightleftharpoons Pb + Zn(NO_3)_2 \tag{1-7-2}$$

如果用生物显微镜进行观察，就可看到银（或铅）枝晶的生长过程。图 1.7.2 为银晶体生长过程的一组照片，其中图 1.7.2（a）、（b）为明场照明，图 1.7.2（c）为暗场照明。

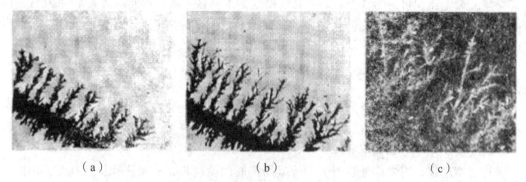

|（a）|（b）|（c）|

图 1.7.2　由取代反应沉淀积出来的银晶体的生长过程

需要说明的是，氯化铵水溶液的结晶是依靠水分的蒸发使溶液过饱和而结晶的，银晶体是化学反应中被取代出来的金属进行沉积而得到的，而金属的结晶则是液态金属在冷却过程中在一定过冷度下发生的。虽然它们存在上述差别，但我们可以从实验中看到晶体生长的共同特点，即晶体通常是以枝晶形式生长的。

典型金属在结晶过程中具有粗糙的微观固-液界面，当界面前沿的液体具有负温度梯度时，由于界面变得不稳定，晶体将以枝晶形态生长。若金属纯度不高，即使在正温度梯度下也可以枝晶形态进行生长，因为这时的"纯"金属实质上是溶质原子溶于其中的合金了，它将服从固溶体的结晶规律。固溶体的结晶，即使在正温度梯度下也可以枝晶形态生长。因此，纯金属的结晶通常都是以枝晶形态生长。

虽然金属通常以枝晶形态生长，但只要液态金属始终能充满枝晶间的空隙，那么在金属铸锭内部只能看到外形不规则的晶粒，而看不到枝晶。然而铸锭表面，特别是缩孔处，由于缺少液态金属的补充往往可以看到枝晶组织。图 1.7.3 为在工业纯铝铸锭表面缩孔处看到的枝晶组织。

图 1.7.3　工业纯铝表面的枝晶组织

由于金属不透明，故不能从外部直接观察到铸锭内部的组织。但可将铸锭沿纵向或横向剖开，经过磨制和腐蚀，把内部组织显示出来，从而可用肉眼或低倍放大镜观察其内部组织，如晶粒大小、形状及分布等。这种组织称为铸锭的粗视组织。

典型的铸锭组织可分为 3 个区域：靠近模壁的细晶区（激冷等轴晶区）、由细晶区向铸锭中心生长的柱晶区和铸锭中心的等轴晶区。在实际情况下，由于铸造条件不同，3 个晶区发展的程度也往往不同，在某些情况下，可能只有 2 个晶区，有时甚至只有 1 个晶区。

影响铸锭组织的因素很多，如浇铸温度、铸模材料、铸模壁厚、铸模温度、铸锭大小以及是否加晶粒细化剂等。

采用金属模及增加其模壁厚度，可使液态金属获得较大的冷却速率，造成较大的内外温差，将有利于柱状晶区的发展。有些情况下，在中心区域尚未形核时柱状晶就发展到铸锭中心，从而就没有中心等轴晶形成。

浇铸温度越高，内外温差就越大，冷凝所需时间就越长，从而使柱状晶有充分的时间和机会得到发展。

加入一定的晶粒细化剂，可促进非均匀形核，提高形核率，在其他条件相同的情况下有利于得到细小的等轴晶粒。但如果液态金属过热程度太大，将使非自发核心数目减少，易得到较粗大的柱状晶。

机械振动、磁场搅拌、超声波处理等，可促进形核，减弱柱状晶的发展。图 1.7.4 为不同铸造条件下工业纯铝的铸锭组织。由图 1.7.4 可以清楚地看出铸模材料和加入晶粒细化剂对金属铸锭组织的影响。

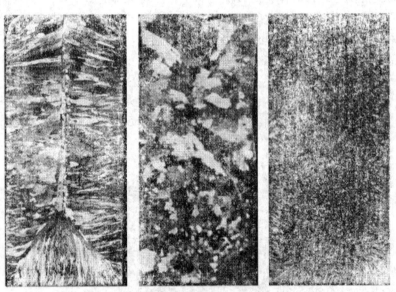

（a）黄铜模　　（b）耐火砖模　（c）加入 0.05%Ti 的黄铜模

图 1.7.4　工业纯铝的铸锭组织

1.7.3　实验仪器、设备及材料

（1）生物显微镜，氯化铵，硝酸银，硝酸铅，蒸馏水，细铜丝，小锌块，小烧杯，玻璃片，玻璃棒及镊子等；

（2）实体显微镜（或放大镜），表面或缩孔处有枝晶组织的金属铸锭；

（3）不同铸造条件下工业纯铝铸锭的粗视组织样品一套。

1.7.4　实验内容

（1）氯化铵溶液结晶过程及晶体生长形态观察。

（2）不同铸造条件下工业纯铝铸锭组织的观察。

1.7.5　实验步骤及方法

（1）用生物显微镜观察氯化铵饱和溶液的结晶过程。用玻璃棒引一小滴已配好的氯化铵水溶液到玻璃片上，再将玻璃片放在生物显微镜的试样台上进行观察。要注意所引液滴不可太大，否则蒸发太慢不易结晶。另外，还要注意清洁，不要让外来物质落入液滴而影响结晶过程。在使用显微镜时，应注意防止液滴流到试样台或显微镜的其他部位，尤其不能让液滴碰到物镜。

（2）用玻璃棒引一滴硝酸银水溶液（稀溶液）到玻璃片上，然后将玻璃片放到生物显微镜的试样台上。对清物像后，用镊子将一小段洁净的细铜丝放在液滴中，随即观察银晶体的生长过程。根据同一原理，也可用一小块锌放在硝酸铅的稀溶液中，通过生物显微镜观察铅晶体的生长过程。

（3）用实体显微镜（或放大镜）观察金属铸锭表面收缩处的枝晶组织。

（4）观察纯铝铸锭的粗视组织，分析铸造条件对铸锭组织的影响。

表 1.7.1 为工业纯铝铸锭的铸造条件。根据具体情况，也可采用其他铸造条件。例如，除了铸模材料和晶粒细化剂的影响外，还可改变浇铸温度、铸模温度及模壁厚度等。

表 1.7.1　工业纯铝铸锭的铸造条件

材料	工业纯铝				工业纯铝 + 0.05%Ti	
模壁材料	耐火砖	黄铜	耐火砖	黄铜	黄铜	耐火砖
模底材料	黄铜	黄铜	耐火砖	耐火砖	黄铜	耐火砖

1.7.6　实验报告

（1）画出实验中观察到的氯化铵的结晶组织和银晶体的沉积组织，并作简要分析。

（2）画出不同铸造条件下工业纯铝铸锭的粗视组织，注明铸造条件，并进行分析与对比。

1.7.7　讨论题

（1）比较不同条件下氯化铵溶液结晶的特点和差异。

（2）分析说明温度梯度对晶体生长形态的影响。

1.8 铁碳合金平衡组织观察

铁碳合金相图是研究碳钢组织，确定其热加工工艺的重要依据。铁碳合金在室温的平衡组织均由铁素体及渗碳体两相按不同数量、大小、形态和分布所组成。铁碳合金的显微组织是研究和分析钢铁材料性能的基础。

1.8.1 实验目的

（1）观察和识别铁碳合金在平衡状态下的显微组织；

（2）了解含碳量对铁碳合金显微组织的影响，从而加深理解成分、组织、性能之间的相互关系；

（3）熟悉金相显微镜的使用。

1.8.2 实验原理

我们可以根据 $Fe\text{-}Fe_3C$ 相图来分析铁碳合金在平衡状态下的显微组织。铁碳合金的平衡组织主要是指碳钢和白口铸铁的室温组织。铁碳合金其组织组成物为铁素体（F）、渗碳体（Fe_3C）、珠光体（P）及莱氏体（Ld），它们的形貌因含碳量不同而改变。按其含碳量与平衡组织的不同，可分为工业纯铁、碳钢及白口铸铁 3 类。

1. 工业纯铁

纯铁在室温下具有单相铁素体组织。含碳量小于 0.021 8% 的铁碳合金通常称为工业纯铁。它是两相组织，即由 F 和少量 Fe_3C 组成。从显微组织可见，F 为亮白色的不规则等轴晶粒，黑色线条是 F 的晶界。

2. 碳 钢

含碳量为 0.021 8%～2.11% 的铁碳合金称为碳钢。按其含碳量与平衡组织的不同，可分为亚共析碳钢、共析碳钢和过共析碳钢 3 种。

（1）亚共析钢：含碳量为 0.021 8%～0.8%，其组织由 F 和 P 所组成。随着含碳量的增加，P 的数量增多，F 的数量减少，P 由 F 片和 Fe_3C 片相间组成，显片层状。经浸蚀（本实验所用浸蚀剂均为 3% 的硝酸酒精溶液）后在显微镜下观察 P 呈黑色，F 为白色。

（2）共析钢：含碳量为 0.8% 的碳钢称为共析钢，它由单一的 P 组成。在显微镜下观察组织全部为层状 P，它是 F 和 Fe_3C 的共析组织。

（3）过共析钢：含碳量为 0.8%～2.11%，其组织由 P 和 Fe_3C_{II} 组成。钢中的含碳量越多，Fe_3C_{II} 的数量越多。在显微镜下观察基体为层状 P 呈黑色，晶界上的白色细网络状为 Fe_3C_{II}。

3. 白口铸铁

白口铸铁是含碳量为 2.11%～6.69% 的铁碳合金，按其含碳量及平衡组织的不同，又可分为亚共晶白口铸铁、共晶白口铸铁和过共晶白口铸铁 3 种。

（1）亚共晶白口铸铁：含碳量为 2.11% ~ 4.3%，其组织为 P、Fe_3C_{II} 和 Ld。在显微镜下观察基体为黑白相间分布的变态 Ld，黑色树枝状为 P。

（2）共晶白口铸铁：含碳量为 4.3%，其组织是单一的共晶 Ld，在显微镜下观察基体为黑白相间分布的共晶 Ld，白色为 Fe_3C，黑色圆粒及条状为 P。

（3）过共晶白口铸铁：含碳量为 4.3% ~ 6.69%，其组织为 Fe_3C_I 和 Ld。在显微镜下观察基体为黑白相间分布的变态 Ld，白色板条状为 Fe_3C_I。

1.8.3 实验仪器、设备及材料

（1）XJP-100 型金相显微镜；

（2）实验样品；

（3）擦镜纸、洗耳球。

1.8.4 实验内容

观察表 1.8.1 给出的铁碳合金平衡组织样品。

表 1.8.1 铁碳合金平衡组织

编 号	材 料	状 态	组 织	浸蚀剂
1	工业纯铁	退火	铁素体	
2	20 钢	退火	低碳钢平衡组织	
3	45 钢	退火	中碳钢平衡组织	
4	65 钢	退火	高碳钢平衡组织	
5	T8 钢	退火	共析钢平衡组织	3% 硝酸酒精溶液
6	T12 钢	退火	过共析钢平衡组织	
7	亚共晶白口铁	铸态	莱氏体 + 珠光体	
8	共晶白口铁	铸态	莱氏体	
9	过共晶白口铁	铸态	莱氏体 + 渗碳体	

1.8.5 实验步骤及方法

（1）每组顺序更换实验样品，分别在指定的显微镜上观察，确认显微镜光亮度调节钮在最低位，方可打开显微镜电源开关。

（2）试样放在载物台上，抛光面对着物镜，样品不要用弹簧夹固定。

（3）选用 10 × 目镜、10 × 物镜进行粗对焦，观察图像清晰后再更换 40 × 物镜细对焦，在400 倍下观察样品，按要求描绘观察到的显微组织。

（4）观察结束后，先将光亮度调节钮推至最低位，然后切断电源，将金相显微镜复原。

1.8.6　实验报告

（1）画出所观察的 1 号，2、3、4 号选 1 种，5、6 号选 1 种，7、8、9 号选 1 种，共 4 种金相样品的显微组织示意图，并在图中标出组织，在图旁标出：编号、材料名称、处理状态、含碳量、金相组织、浸蚀剂、放大倍数等。

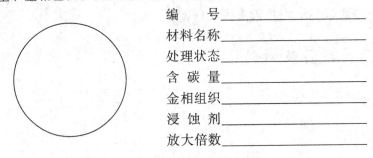

编　　　号＿＿＿＿＿＿＿＿＿＿＿＿

材料名称＿＿＿＿＿＿＿＿＿＿＿＿

处理状态＿＿＿＿＿＿＿＿＿＿＿＿

含　碳　量＿＿＿＿＿＿＿＿＿＿＿＿

金相组织＿＿＿＿＿＿＿＿＿＿＿＿

浸　蚀　剂＿＿＿＿＿＿＿＿＿＿＿＿

放大倍数＿＿＿＿＿＿＿＿＿＿＿＿

（2）根据观察的组织，说明含碳量对铁碳合金的组织和性能影响的大致规律。

1.8.7　讨论题

（1）总结含碳量增加时，钢的组织和性能的变化规律。

（2）分析 45 号钢及 $\omega_C = 4\%$ 亚共晶白口铸铁的凝固过程。

1.9　位错蚀坑的观察与分析

由于位错附近的点阵畸变，原子处于较高的能量状态，再加上杂质原子在位错处的聚集，这里的腐蚀速率比基体更快一些。因此，在适当的侵蚀条件下，会在位错的表面露头处，产生较深的腐蚀坑，借助金相显微镜可以观察晶体中位错的多少及其分布。

1.9.1　实验目的

（1）初步掌握用浸蚀法观察位错的实验技术；

（2）了解缺陷显示原理、位错的各晶面上的腐蚀图像的几何特性。

1.9.2　实验原理

由于位错是点阵中的一种缺陷，所以当位错线与晶体表面相交时，交点附近的点阵将因位错的存在而发生畸变，同时，位错线附近又利于杂质原子的聚集。因此，如果以适当的浸蚀剂浸蚀金属的表面，便有可能使晶体表面的位错露头处因能量较高而较快地受到浸蚀，从而形成小的蚀坑，如图 1.9.1 所示。这些蚀坑可以显示晶体表面位错露头处的位置，因而可以利用位错蚀坑来研究位错分布以及由位错排列起来的晶界等。但需要说明的是，不是得到的所有蚀坑都是位错的反映，为了说明它是位错，还必须证明蚀坑和位错的对应关系。由于浸蚀坑的形成过程以及浸蚀坑的形貌对所在晶体表面的取向敏感，根据这一点可确定蚀坑是否有位错的特征。图 1.9.1（a）为刃型位错，包围位错的圆柱区域与其周围的晶体具有不同的物理和化学性质；图 1.9.1（b）为缺陷区域的原子优先逸出，导致刃型位错处形成圆锥形蚀坑；图 1.9.1（c）为螺旋位错的露头位置；图 1.9.1（d）为螺旋位错形成的卷线形蚀坑，这种蚀坑的形成过程与晶体的生长机制相反。

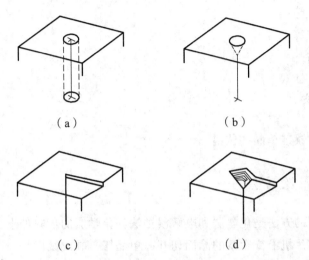

（a）　　　　　　　　　　（b）

（c）　　　　　　　　　　（d）

图 1.9.1　位错在晶体表面露头处蚀坑的形成

本实验所用的硅单晶及其他立方晶体中的位错在各种晶面上蚀坑的几种特征如图 1.9.2 所示。由于浸蚀坑有一定大小，当它们互相重叠时，难以分辨，故浸蚀法只适用于位错密度小于 $10^6\ cm^{-2}$ 的晶体，且此法所显示的只是表面附近的位错，有一定的局限性。

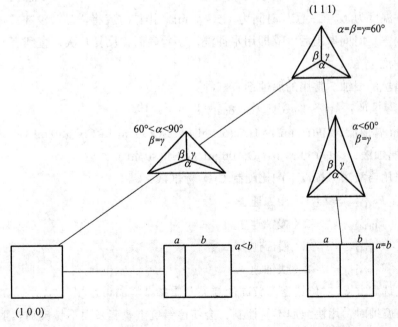

图 1.9.2　立方晶体中位错蚀坑形状与晶体表面晶向的关系

1.9.3　实验仪器、设备及材料

（1）金相显微镜；

（2）硅单晶试样；

（3）超声清洗机；

（4）CrO_3 和 HF 等；

（5）烧杯、量筒等；

（6）纯净干燥箱。

1.9.4　实验内容

掌握用浸蚀法观察硅单晶的位错。

1.9.5　实验步骤及方法

浸蚀表面最常用的方法是化学法和电解浸蚀法。化学法的步骤如下：

（1）切片。用切片机沿待观察的晶面切开硅单晶棒，制成试样。

（2）磨制试样。右手握住试样，左手掀住玻璃片，依次用 300#、302#金刚砂进行研磨，每道工序完毕后用水冲洗。

（3）清洗。用有机溶剂（如丙酮）或洗涤剂擦洗待观察表面，去除表面油污，然后用清水冲洗。

（4）化学抛光。目的是清洁表面并使其平整、光亮。抛光液的配比为 $V_{HF(42\%)} : V_{HNO_3(65\%)} = 1:3$，处理时温度为 18～23 ℃，时间为 1.5～4 min，操作时应将样品浸没在浸蚀液中，且不停地搅拌，隔一定时间取出后，立即用水冲洗，察看表面，反复几次，直到表面光亮为止。最后再用水冲洗干净。

（5）位错坑的浸蚀。常用的腐蚀剂有三种：

① Dash 腐蚀液，$V_{HF} : V_{HNO_3} : V_{CH_3COOH} = 1:2.5:10$；

② Wright 腐蚀液，$HF(60\ mL) + HAc(60\ mL) + H_2O(30\ mL) + CrO_3(30\ mL) + Cu(NO_3)_2(2g)$；

③ 铬酸腐蚀液，$CrO_3(50\ g) + H_2O(100\ mL) + HF(80\ mL)$。

本实验采用铬酸法，按以下配比配制 CrO_3 标准液：

a. $V_{标准液} : V_{HF(42\%)} = 2:1$（慢蚀速）；

b. $V_{标准液} : V_{HF(42\%)} = 3:2$（慢蚀速）；

c. $V_{标准液} : V_{HF(42\%)} = 1:1$（慢蚀速）；

d. $V_{标准液} : V_{HF(42\%)} = 1:2$（快蚀速）。

实验时优选配方 c，对位错密度较高的样品及重掺杂样品可也用配方 a，这是因为位错密度较高的样品腐蚀时，用快蚀剂不易控制，会使位错坑重叠起来而不易辨别。重掺杂样品由于含杂质量较大，本身就能促进蚀速加快，故也不宜采用快速蚀剂。

硅晶体在浸蚀过程中与浸蚀剂发生一种连续不断的氧化-还原反应，即 $Cr_2O_7^{2-}$ 使硅表面氧化，形成 SiO_2，继而 HF 与 SiO_2 相互作用，形成溶于水的络合物 H_2SiF_6，随后再氧化，再溶解，如此循环，其反应式为

$$3Si + 2Cr_2O_7^{2-} \longrightarrow 3SiO_2 + 2Cr_2O_4^{2-}$$

$$SiO_2 + 6HF \longrightarrow H_2SiF_6 + 2H_2O$$

总反应式为

$$3Si + 2Cr_2O_7^{2-} + 18HF \longrightarrow 3H_2SiF_6 + 2Cr_2O_4^{2-} + 6H_2O$$

具体的浸蚀方法是：将抛光后的样品放入蚀槽中，槽中蚀剂量的多少视样品的大小而定，不要让样品露出液面即可。在 15~20 ℃ 温度下浸蚀 5~30 min 即可取出。如果温度太低也可延长时间，取出样品后，用水充分冲洗并干燥。

（6）观察。样品在干燥后即可在金相显微镜下观察。各个样品依次观察，画出蚀坑特征及其分布图像；根据各样品观察面上具有不同形状（如三角形、正方形、矩形等）特征的位错蚀坑，判别观察面的面指数。

1.9.6　实验报告

（1）简述蚀坑的显露过程，画出蚀坑特征及其分布图像。
（2）根据蚀坑的特征，确定位错的性质及蚀坑所在面的指数。

1.9.7　思考题

（1）如何根据蚀坑排列方向来判断位错性质？
（2）如何用蚀坑法来计算位错密度？

1.10　二组分合金系统相图的绘制

相图是一种表示合金状态随温度、成分而变化的图形，又称状态图或平衡图。根据相图可以确定合金的浇注温度，进行热处理的可能性，形成各种组织的条件等。相图的建立过程就是金属与合金临界点的测定过程。测定金属与合金临界点的方法很多，如热分析法、热膨胀法、电阻测定法、显微分析法、磁性测定法、X 射线分析法等，但其中最常用、最基本的方法是热分析法。

1.10.1　实验目的

（1）用热分析步冷曲线法绘制铋-镉二组分金属相图；
（2）掌握热分析法的测量技术。

1.10.2　实验原理

较为简单的二组分金属相图主要有 3 种：一种是液相完全互溶，固相也完全互溶成固溶体的系统，最典型的为 Cu-Ni 系统；一种是液相完全互溶而固相完全不互溶的系统，最典型的是 Bi-Cd 系统；还有一种是液相完全互溶，固相是部分互溶的系统，如 Pb-Sn 系统。本实验研究的是 Bi-Cd 系统。

热分析中的步冷曲线法是绘制相图的基本方法之一。它是利用金属及合金在加热和冷却过程中发生相变时，热量的释放或吸收及热容的突变，得到金属或合金中相转变温度的方法。

本实验是先将金属或合金全部熔化，然后让其在一定的环境中冷却，并在计算机上自动画出温度随时间变化的关系曲线——步冷曲线，如图 1.10.1 所示。

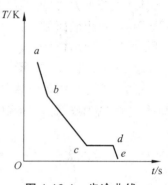

当熔融的系统均匀冷却时，如果系统不发生相变，则系统的温度随时间的变化是均匀的，冷却速率较快，如图 1.10.1 中 ab 线段；若在冷却过程中发生了析出固体的相变，由于在相变过程中伴随着放热效应，所以系统的温度随时间变化的速率发生改变，系统的冷却速率减慢，步冷曲线上出现转折，如图 1.10.1 中 b 点。当熔液继续冷却到某一点时，如图 1.10.1 中 c 点，系统以低共熔混合物固体析出，在低共熔混合物全部凝固之前，系统温度保持不变，因此，步冷曲线上出现水平线段，如图 1.10.1 中 cd 线段；当熔液完全凝固后，温度才迅速下降，如图 1.10.1 中 de 线段。

图 1.10.1　步冷曲线

因此，对组成一定的二组分低共熔混合物体系，可以根据它的步冷曲线得出有固体析出的温度和低共熔点温度。根据一系列组成不同系统的步冷曲线的各转折点，即可画出二组分系统的相图（温度-组成图）。不同组成熔液的步冷曲线对应的相图如图 1.10.2 所示。

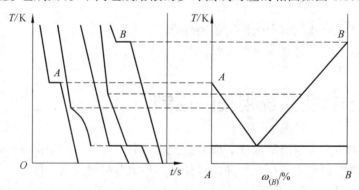

图 1.10.2　步冷曲线与相图

用步冷曲线法绘制相图时，被测系统必须时时处于接近相平衡状态。因此，冷却速率要足够慢才能得到较好的结果。

1.10.3　实验仪器、设备及材料

（1）仪器：ZR-HX 型金属相图试验装置一套，计算机一台；

（2）试剂：铋（分析纯，熔点为 544.5 K）、镉（分析纯，熔点为 594.1 K）。

1.10.4 实验内容

用热分析步冷曲线法绘制铋-镉二组分金属相图。

1.10.5 实验步骤及方法

1. 配制试样

配制铋质量分数分别为 20%、40%、60%、80% 的 Bi-Cd 合金 150 g，再称取纯 Bi、纯 Cd 各 150 g，分别放入 6 个不锈钢试管中，上面滴入约 1 mL 的硅油。在放入感温元件的细筒中也要滴入几滴硅油。

2. 准备工作

（1）根据控制器所接位置，分别选择 "A" 或 "B" 加热器（可以根据情况只接一个加热器）。

（2）检查主机、从机和中继器的电源线连接是否可靠。

（3）检查各从机温度传感器与仪器连接是否可靠。

（4）用通信电缆将中继器 "主机" 接口与主机串行通口连接。

（5）用通信电缆将中继器 "从机" 接口分别与从机连接。

（6）检查各电线、电缆连接无误后，先后接通从机、中继器和主机电源。

（7）待从机启动滚屏完成后，设置从机参数。

① 目标温度（加热终止温度），应高于被加热样品的熔点温度。

② 加热功率（%），根据不同的升温速率，设置不同的加热功率（%）（满功率为 500 W）。

③ 保温功率（%），根据不同的降温速率，设置不同的保温功率（%）（小于或等于 10%）。

④ 本机编号对应于中继器 "从机" 接口所标的通道编号。

3. 开始实验

当所有准备工作完成后，即可开始进行实验。双击 "多通道金属相图数据采集系统" 图标，程序开始运行。

（1）串口参数设置。用以选择不同的串行端口和波特率（系统显示默认的通信端口和波特率）。

（2）数据采集。在 "任务" 菜单中选择 "数据采集"，"运行指示" 指示灯开始闪烁。

① 在 "通道/加热" 栏中选择需要采集数据的通道。既可以选择单个通道，也可以选择多个通道。当所选的通道被确认后，该通道的指示灯由灰变绿，"加热" 复选框被激活，中继器相应的通道指示灯被点亮，开始计时并在 "工作参数" 栏相应通道的数据显示框内显示该通道采集的数据，同时在与该通道对应的坐标区内描点绘制曲线。

② 再选择 "加热" 选择框，该通道指示灯由绿变红。从机接收到主机发送的指令后，便根据所设置的加热功率开始对样品加热。

③ 当温度达到或超过所设置的目标温度后从机会自动转为保温状态,样品温度将根据设置的保温功率以一定的速率下降。如果不设置保温功率,则以自然散热的方式降温,也可以调整风扇旋钮加速降温。

④ 只要"通道"选择框被选择,不论是否加热,所有数据都将被记录并描绘曲线。

⑤ 其他通道的操作同上,只是当两个或两个以上的通道被选中时,中继器的通道指示灯将轮流闪烁。

(3)停止采集。当数据采集完成后,再次点击"加热"选框,取消加热,然后再点击相应的通道选择框,取消通道选择。当所有的选项都取消后,在"任务"菜单中选择"停止采集"。系统提示设置样品参数。将样品的组成和从曲线上读取的相变点温度,填入相应通道的"样品组成"数据栏和"相变点温度"数据栏。

(4)再次开始实验前,需按动从机"设置"键,确认从机所有设置,方可开始新一轮实验的数据采集任务。

4. 文件操作

文件操作是对数据文件进行显示、保存、打印或转换成图像文件的操作。

(1)打开。打开是指打开并读取已有的数据文件,然后在相应的通道坐标中描点绘制成曲线。可同时显示 4 组曲线。

(2)保存文件。保存文件是将采集的实验数据保存为文本文件。

(3)另存为。另存为是将当前屏幕显示的坐标和曲线保存为图像文件。

(4)打印。打印是将坐标和曲线输出为纸质文件。

(5)刷新和清除。刷新和清除是指除去坐标区多余的图、线,保持图线清晰。

(6)数据文件均以文本格式保存,用户可根据自己的喜好使用"记事本"或其他编辑器按照给定的格式对其进行编辑,故不另外定制编辑器。注意在文件的结尾处必须键入"回车"键。

5. 显示模式切换

通过显示模式切换,可将屏幕中某一通道的曲线单独显示,也可以将 4 个通道的曲线分为 4 个区域同时显示。

6. 读取相变点温度

结合使用显示模式切换,通过移动"十字"光标,在曲线上读取样品的相变点温度,按给定的格式输入到对应通道的"相变点温度"数据栏中。

1.10.6 实验报告

(1)从步冷曲线上查出各合金的转折温度,以横坐标表示质量百分数,纵坐标表示温度,绘出 Bi-Cd 二组分合金相图。

(2)在作出的相图上,用相律分析低共熔混合物、熔点曲线及各区域内的相数和自由度数。

1.10.7 讨论题

（1）为什么冷却曲线上会出现转折点？纯金属、低共熔金属及合金的曲线形状为何不同？
（2）解释步冷曲线上的过冷现象。
（3）用加热曲线是否可以作相图？

1.11 粉体粒度分布的测定（激光法）

粒度即颗粒的大小。通常球体颗粒的粒度用直径表示，不规则的矿物颗粒，可将与矿物颗粒有相同行为的某一球体直径作为该颗粒的等效直径。粒度是表征粉体性质的一个重要参数。本实验采用激光法测量粉体粒度。

1.11.1 实验目的

（1）掌握粉体颗粒粒度分布测定的基本技能、原理和方法；
（2）学会正确使用激光粒度测定仪。

1.11.2 实验原理

本实验使用 BT-9300H 型激光粒度仪进行粉体颗粒粒度分布的测定，该仪器采用信息光学原理，通过测量颗粒群的空间频谱，分析其粒度分布。当一束平行的单色光照射颗粒时，在傅氏透镜的焦平面上将形成颗粒的散射光谱，这种散射光谱不随颗粒运动而改变，通过理论分析这些散射光谱就可得出颗粒的粒度分布。假设颗粒为球形且粒径相同，则散射光能按艾理圆分布，即在透镜的焦平面形成一系列同心圆光环，光环的直径与产生散射的颗粒粒径相关，粒径越小，散射角越大，圆环直径就越大；粒径越大，散射角就越小，圆环的直径就越小。激光粒度仪就是根据颗粒能使激光产生散射这一物理现象测试粒度分布的，图 1.11.1 为 BT-9300H 型激光粒度仪原理图。

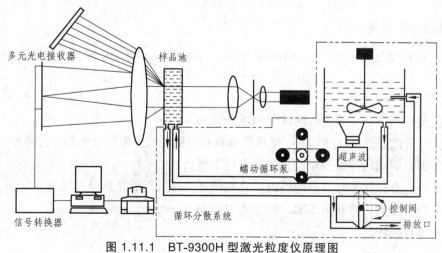

图 1.11.1　BT-9300H 型激光粒度仪原理图

1.11.3　实验仪器、设备及材料

（1）实验设备：BT-9300H 型激光粒度仪，如图 1.11.2 所示。

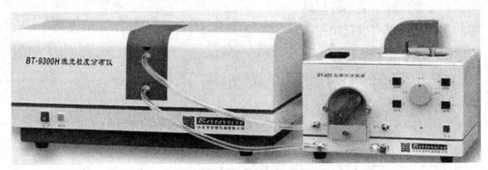

图 1.11.2　BT-9300H 型激光粒度仪结构示意图

（2）实验仪器：干燥器、烧杯、蒸馏水、电子天平；

（3）实验药品：高岭土粉体。

1.11.4　实验内容

采用激光法，利用 BT-9300H 型激光粒度仪测量高岭土粉体的粒度分布。

1.11.5　实验步骤及方法

1. 试样制备

将干燥好的 Fe_3O_4 粉体称重后放在研钵中充分研磨，制得纳米磁粉备用。

2. 开　机

开机顺序：交流稳压电源→粒度仪→打印机→显示器→计算机。

3. 启动测试系统

在 Windows 桌面上双击"BT-9300H"图标，即进入 BT-9300H 激光粒度分析系统。

4. 测试步骤

本实验使用循环分散器进行测试，测试步骤如下：

（1）循环分散器原理与结构图。循环分散器是由蠕动泵、超声分散器、搅拌器、样品池、管路、测量窗口、阀门等部分组成，如图 1.11.1 所示。

（2）准备。打开循环分散器的电源，将"循环—排放"旋钮旋至"循环"状态，检查蠕动管是否有磨损现象，将泵头压紧，向容器中添加约 300 mL 蒸馏水作为介质，打开循环泵开关使介质进行循环。

（3）测试。单击"测量"菜单，就进入了粒度测试状态，单击"测量向导"即可顺序进行文档、背景、浓度、测试、结果等过程的操作。

（4）编辑文档。单击"测量—测量向导"项，进入"测试文档"窗口。"测试文档"窗口是用来记录样品名称、介质名称、测试单位、样品来源、测试日期和测试时间等原始信息的，这些信息将在测试报告单中打印出来。

（5）测试背景。单击"下一步"进入"测试背景"窗口。单击"开始"按钮，计算机自动采集背景数据（其数值一般为 1 ~ 10）。正式测试时，计算机将自动扣除背景数据，以消除样品池、介质等非样品因素对测试结果的影响，使测试结果更加准确。背景数据正常时，单击"下一步"进入浓度测试状态。背景数据不正常时，要通过调整光路、调整样品池位置、更换纯净介质、清洗样品池、打开粒度仪的电源等方法消除这些状态，重新测试背景数据。

（6）测试浓度。单击"下一步"按钮，进入"浓度"测量窗口。关闭循环泵开关，停止循环。向容器中加入样品。加完样品后打开搅拌器开关，打开超声波开关，对样品进行 3 min 的分散与均化处理。打开循环泵开关，使分散好的悬浮液进入循环，单击"开始"，系统就进行浓度测试过程并显示浓度数据。系统允许的浓度数值为 10 ~ 60。如果浓度数据小于 10，说明容器中样品的浓度太低，再加入一些样品；如果浓度数据大于 60，说明容器中样品的浓度太高，可以再加入一些蒸馏水降低浓度，直至浓度数据合适。

（7）测试。当测试的浓度合适后，单击"下一步"按钮，进入测试状态，单击"开始"进行粒度分布测试。

（8）测试结果。测试结束后，单击"下一步"，显示测试结果，测试结果可以用典型数据、表格和图形 3 种形式表示出来。单击"确定"，系统返回到 BT-9300H 激光粒度分析系统界面，单击"样品"菜单，可以对测试结果进行保存、查询、打印、转换等操作。

（9）排放与清洗。测试结束后将"循环—排放"旋钮旋至"排放"处，样品将从"排放"口流出。全部排放完以后再向容器中加入大约 300 mL 蒸馏水，将"顺、逆"开关切换两次使水流在管路里面正向、逆向流动，有利于管路清洗。然后将"顺、逆"开关置于"顺"状态，将"循环—排放"旋钮旋至"循环"和"排放"状态切换两次，再旋至"排放"状态将容器中的液体排放干净。再向容器中加入大约 300 mL 蒸馏水，重复上述过程，直到容器、管路、测量窗口都冲洗干净为止，即可开始下一个样品的测试。

1.11.6　实验报告

（1）简述用激光法测定高岭土粉体粒度的原理及步骤。
（2）根据测试结果，判断所测高岭土的粒度大小。

1.11.7　讨论题

（1）激光粒度仪测试原理是什么？
（2）测试前为什么要对样品进行一定时间的分散与均化处理？

1.12 多孔陶瓷的制备

多孔陶瓷材料是以刚玉砂、碳化硅、堇青石等优质原料为主料,经过成型和特殊高温烧结工艺制备的具有开孔孔径、高开口气孔率的一种多孔性陶瓷材料,具有耐高温、耐高压、抗酸、抗碱和抗有机介质腐蚀,且有良好的生物惰性、可控的孔结构、高的开口孔隙率、使用寿命长、产品再生性能好等优点,可以适用于各种介质的精密过滤与分离、高压气体排气消音、气体分布及电解隔膜等。

1.12.1 实验目的

（1）了解多孔陶瓷的用途;
（2）掌握多孔陶瓷的制备方法;
（3）了解多孔陶瓷的制备工艺。

1.12.2 实验原理

多孔陶瓷是一种新型陶瓷材料,也可称为气孔功能陶瓷,它是一种利用物理表面的新型材料。多孔陶瓷具有如下特点:巨大的气孔率、巨大的气孔表面积;可调节的气孔形状、气孔孔径及其分布;气孔在三维空间的分布、连通可调;具有其他陶瓷基体的性能,并具有一般陶瓷所没有的主要利用与其巨大的比表面积相匹配的优良热、电、磁、光、化学等功能。实际上,很早以前人们就使用多孔陶瓷材料,例如,人们使用活性炭吸附水分、吸附有毒气体,用硅胶来做干燥剂,利用泡沫陶瓷来做隔热耐火材料等。现在,多孔陶瓷,尤其是新型多孔陶瓷的应用范围很广。

1. 多孔陶瓷的种类

多孔陶瓷的种类很多,按所用的骨料可以分为 6 种,如表 1.12.1 所示。

表 1.12.1 多孔陶瓷的分类

序 号	名 称	骨 料	性 能
1	刚玉质材料	刚玉	耐强酸、耐碱、耐高温
2	碳化硅质材料	碳化硅	耐强酸、耐高温
3	铝硅酸盐材料	耐火黏土熟料	耐中性、酸性介质
4	石英质材料	石英砂、河沙	耐中性、酸性介质
5	玻璃质材料	普通石英玻璃、石英玻璃	耐中性、酸性介质
6	其他材质		耐中性、酸性介质

2. 多孔陶瓷的制备

陶瓷产品中的孔包括：① 封闭气孔，与外部不相连通的气孔；② 开口气孔，与外部相连通的气孔。

下面介绍多孔陶瓷中孔的制备方法和制备技术。

（1）孔的形成方法。

① 添加成孔剂工艺：陶瓷粗粒黏结、堆积可形成多孔结构，颗粒靠黏结剂或自身黏合成型。这种多孔材料的气孔率一般较低，为 20%～30%。为了提高气孔率，可在原料中加入成孔剂（Porous Former），既能在坯体内占有一定体积，烧成、加工后又能够除去，使其占据的体积成为气孔的物质。如碳粒、碳粉、纤维、木屑等烧成时可以烧去的物质。也有用难熔化易溶解的无机盐类作为成孔剂，它们能在烧结后的溶剂侵蚀作用下除去。此外，可以通过粉体粒度配比和成孔剂等控制孔径及其他性能。这样制得的多孔陶瓷气孔率可达 75% 左右，孔径可在微米到毫米之间。虽然在普通的陶瓷工艺中，采用调整烧结温度和时间的方法，可以控制烧结制品的气孔率和强度，但对于多孔陶瓷，烧结温度太高会使部分气孔封闭或消失，烧结温度太低，则制品的强度低，无法兼顾气孔率和强度，而采用添加成孔剂的方法则可以避免这种缺点，使烧结制品既具有高的气孔率，又具有很好的强度。

② 有机泡沫浸渍工艺：有机泡沫浸渍法是用有机泡沫浸渍陶瓷浆料，干燥后烧掉有机泡沫，获得多孔陶瓷的一种方法。该方法适用于制备高气孔率、开口气孔的多孔陶瓷。这种方法制备的泡沫陶瓷是目前最主要的多孔陶瓷之一。

③ 发泡工艺：可以在制备好的浆料中加入发泡剂，如碳酸盐和酸等，发泡剂通过化学反应能够产生大量的细小气泡，烧结时通过在熔融体内产生放气反应得到多孔结构，这种发泡气体率可达 95% 以上。与泡沫浸渍工艺相比，发泡工艺更容易控制制品的形状、成分和密度，并且可制备各种孔径大小和形状的多孔陶瓷，特别适用于生产闭气孔的陶瓷制品，多年来一直引起研究者的浓厚兴趣。

④ 溶胶-凝胶工艺：主要利用凝胶化过程中胶体粒子的堆积以及凝胶处理过程中留下小气孔，形成可控多孔结构。这种方法大多数产生纳米级气孔，属于中孔或微孔范围内，这是前述方法难以做到的，实际上这是现在最受科学家重视的一个领域。溶胶-凝胶法主要用来制备微孔陶瓷材料，特别是微孔陶瓷薄膜。

⑤ 利用纤维制得多孔结构：主要利用纤维的纺织特性与纤细形态等形成气孔。形成的气孔包括：有序编织，排列形成的气孔；无序堆积或填充形成的气孔。

通常将纤维随意堆放，由于纤维的弹性和细长结构，会互相架桥形成气孔率很高的三维网络结构，将纤维填充在一定形状的模具内，可形成相对均匀，具有一定形状的气孔结构，施以黏结剂，高温烧结固化就得到了气孔率很高的多孔陶瓷，这种孔较大的多孔陶瓷的气孔率可达 80% 以上。在有序纺织制备方法中，有一种是将纤维织布（或成纸）折叠成多孔结构，常用来制备"哈尔克尔"，这种多孔陶瓷通常孔径较大，结构类似于前面提到的以挤压成型的蜂窝陶瓷。另外是三维编织，这种三维编织为制备气孔率、孔径、气孔排列、形状高度可控的多孔陶瓷提供了可能。

⑥ 腐蚀法产生微孔、中孔：如对石纤维的活化处理，许多无机非金属半透膜也曾以这种方法制备。

⑦ 利用分子键构成气孔：如分子筛，这是微孔材料，也是中孔材料。如沸石、柱状磷酸锌等都是这类材料。

以上简述了一些气孔结构的形成过程。有些材料中需要的不仅仅是一种气孔，例如，作为催化载体材料或吸附剂，同时需要大孔和小孔两种气孔，小孔提供巨大比表面积，而大孔形成互相连通结构，即控制气孔分布，这可以通过使用不同的成孔剂来实现；有时则需要气孔有一定形状，或有可再加工性；而作为流体过滤器的多孔陶瓷，其气孔特性要求还应根据流体在多孔体内运动的相关基础研究来决定。这些都是需要针对具体情况加以特别考虑的。

如果多孔陶瓷材料还要具备匹配的其他性能，尤其是骨架性能，则还需从这种综合陶瓷材料的制备考虑。

（2）多孔陶瓷的配方设计。

① 骨料：骨料为多孔陶瓷的主要原料，在整个配方中占有 70%～80% 的质量，在坯体中起骨架的作用，一般选择强度高、弹性模量大的材料。

② 黏结剂：一般选用瓷釉、黏土、高岭土、水玻璃、磷酸铝、石蜡、PVA、CMC 等，其主要作用是使骨料黏结在一起，以便于成型。

③ 成孔剂：加入成孔剂的目的是促使陶瓷的气孔率增加，必须满足在加热过程中易于排除；排除后在基体中无有害残留物；不与基体反应。加入可燃尽的物质，如木屑、稻壳、煤粒、塑料粉等物质在烧成过程中因为发生化学反应或者燃烧挥发而除去，从而在坯体中留下气孔。

（3）多孔陶瓷的成型方法如表 1.12.2 所示。

表 1.12.2　多孔陶瓷的成型方法

成型方法	优　点	缺　点	适用范围
模压	1. 模具简单； 2. 尺寸精度高； 3. 操作方便，生产率高	1. 气孔分布不均匀； 2. 制品尺寸受限制； 3. 制品形状受限制	尺寸不大的管状、片状、块状
挤压	1. 能制取细而长的管材； 2. 气孔沿长度方向分布均匀； 3. 生产率高，可连续生产	1. 需加入较多的增塑剂； 2. 泥料制备麻烦； 3. 对原料的粒度要求高	细而长的管材、棒材、某些异形截面管材
轧制	1. 能制取长而细的带材及箔材； 2. 生产率高，可连续生产	1. 制品形状简单； 2. 粗粉末难加工	各种厚度的带材，多层过滤器
等静压	1. 气孔分布均匀； 2. 适于大尺寸制晶	1. 尺寸公差大； 2. 生产率低	大尺寸管材及异形制品
注射	1. 可制形状复杂的制品； 2. 气孔沿长度方向分布均匀	1. 需加入较多的塑化剂； 2. 制品尺寸大小受限制	各种形状复杂的小件制品
粉浆浇注	1. 能制形状复杂的制品； 2. 设备简单	1. 生产率低； 2. 原料受限制	复杂形状制品，多层过滤器

（4）烧成。

使用不同的制备方法和制备工艺，就会有不同的烧成度，具体应该根据材料的性能而定。

1.12.3 实验仪器、设备及材料

本实验采用添加成孔剂，采用模压方法制备毛坯，然后再进行烧结的方法。

（1）实验药品：骨料（氧化铝）、成孔剂（煤粒）、黏结剂（CMC、MgO）；

（2）实验仪器：托盘天平、拈钵、捣打磨具、木槌、高温炉。

1.12.4 实验内容

制备多孔氧化铝陶瓷。

1.12.5 实验步骤与方法

多孔氧化铝陶瓷的制备工艺主要有选料、配料、混合研磨、成型、干燥、烧结等 6 个步骤，具体如下：

1. 选 料

本次选用的骨料是氧化铝，在坯体中起骨架的作用。成孔剂主要目的是促使陶瓷气孔率增加，这次选用煤灰作为成孔剂。黏结剂选取具有良好塑性变形能力及黏结力的 CMC、MgO。

2. 配 料

用托盘天平按表 1.12.3 称取总重 25 g 的原料。

表 1.12.3 原料配比

配料	氧化铝	MgO	CMC	煤粒	水
比例	60%	8%	15%	17%	10%～15% 固体料

3. 混合研磨

将配好的配料充分混合，采用多次过筛与反复搅拌的方法使配料混合均匀。将混合好的配料放入陶瓷拈钵中，充分研磨。

4. 成 型

使混合好的混合料通过某种方法成为具有一定形状的坯体的工艺过程叫成型。本实验采用模压成型法，模压成型法是利用压力将干粉坯料在模具中压制成致密的坯体的一种方法。

5. 干 燥

将毛坯在烘箱中在 100 ℃ 下予以处理 30 min，使毛坯干燥。

6. 烧 结

将干燥完的毛坯放入高温炉中，按表 1.12.4 的温度进行烧结，即可获得多孔陶瓷。

表 1.12.4 烧结工艺

温度区间/°C	室温～400	400～1 100	1 200～1 300	1 300
升温速率/($°C \cdot h^{-1}$)	100	200～300	100	保温 1 h

1.12.6 实验报告

写出实验步骤和实验心得。

1.12.7 讨论题

（1）什么是多孔陶瓷？
（2）多孔陶瓷中的孔是如何形成的？
（3）简述多孔陶瓷的应用领域。

1.13 沉淀法制备($Er_{0.02}$：$Gd_{1.82}Y_{0.16}$)O_3透明激光陶瓷粉体

沉淀法是液相反应中合成金属氧化物超微粉体的普遍方法。它不仅可以用来合成单一的氧化物材料，而且还可以用来合成复合氧化物材料。（$Er_{0.02}$：$Gd_{1.82}Y_{0.16}$）O_3透明激光陶瓷的性能已经接近同类单晶材料的性能，本实验希望学生对此类透明激光陶瓷粉体的制备和应用有所了解。

1.13.1 实验目的

（1）了解并掌握沉淀法的原理；
（2）熟练掌握 pH 计的使用方法；
（3）了解并掌握透明激光陶瓷粉体的制备过程。

1.13.2 实验原理

制备性能优良的透明激光陶瓷的前提是制备良好的激光陶瓷粉体，本实验采用络合共沉淀法制备掺铒的陶瓷粉体材料。

透明激光陶瓷制备工艺简单，成本较低，可以在大大低于材料熔点的温度下完成高致密度光学材料的制备，工艺所需时间远低于提拉晶体所需的时间，易于实现批量化、低成本生产。特别是能够根据器件应用要求较方便地实现高浓度离子的均匀掺杂，避免由于晶体生长工艺限制所造成的掺杂浓度低、分布不均匀的状况，而这对材料发光性能的提高至关重要。在一定情况下透明陶瓷的性能已经达到或超过单晶材料,有望在一些特定场合逐步替代单晶光学材料。

常用沉淀法有氢氧化物沉淀法、尿素沉淀法、配合物分解法、草酸沉淀法以及共沉淀法等。

沉淀法主要的反应方程式如下(以草酸为例):

$$Y_2O_3 + 6H^+ \rightleftharpoons 2Y^{3+} + 3H_2O$$

$$Gd_2O_3 + 6H^+ \rightleftharpoons 2Gd^{3+} + 3H_2O$$

$$Er_2O_3 + 6H^+ \rightleftharpoons 2Er^{3+} + 3H_2O$$

$$2Y^{3+} + 3C_2O_4^{2-} \rightleftharpoons Y_2(C_2O_4)_3\downarrow$$

$$2Gd^{3+} + 3C_2O_4^{2-} \rightleftharpoons Gd_2(C_2O_4)_3\downarrow$$

$$2Er^{3+} + 3C_2O_4^{2-} \rightleftharpoons Er_2(C_2O_4)_3\downarrow$$

1.13.3　实验仪器、设备及材料

(1)实验仪器:电子天平、烘箱、恒温磁力搅拌器、pH 计、马弗炉。

(2)实验药品:氧化钇、氧化钆、氧化铒、浓硝酸、浓氨水、蒸馏水、草酸、尿素、碳酸氢铵。

1.13.4　实验内容

用沉淀法制备($Er_{0.02}$:$Gd_{1.82}Y_{0.16}$)O_3 透明激光陶瓷粉体。

1.13.5　实验步骤及方法

(1)分别称取 Er_2O_3 0.2 mmol,即 0.076 5 g(摩尔分数为 1%);Gd_2O_3 18.2 mmol,即 6.597 5 g;Y_2O_3 1.6 mmol,即 0.361 3 g(摩尔分数为 8%)。

(2)先在 250 mL 的烧杯中加入约 50 mL 蒸馏水,然后在烧杯中放入转子,把烧杯放到磁力搅拌器上边加热边搅拌,再将称量好的 Er_2O_3、Gd_2O_3、Y_2O_3 加入烧杯中,用滴管缓慢滴加浓硝酸使其全部溶解。

(3)沉淀剂的配制。

第 1 组:称取 80 mmol 草酸,即 10.08 g,在烧杯中用蒸馏水溶解,然后将草酸溶液缓慢滴加到不断搅拌的稀土溶液中,调节沉淀时的 pH 为 5~6,水温 80 ℃ 左右,使稀土离子沉淀。

$$2Re^{3+} + 3C_2O_4^{2-} \rightleftharpoons Re_2(C_2O_4)_3\downarrow$$

第 2 组:量取一定量的浓氨水放在烧杯中用蒸馏水稀释,然后将稀氨水溶液缓慢滴加到不断搅拌的稀土溶液中,控制 pH 为 5~6,水温为室温,使稀土离子沉淀。

$$Re^{3+} + 3OH^- \rightleftharpoons Re(OH)_3\downarrow$$

第 3 组：称取 60 mmol 尿素，即 3.64 g，将少量尿素缓慢加到不断搅拌的稀土溶液中，调节沉淀时的 pH 为 4~5，水温 90 ℃ 左右保持 4 h，使稀土离子沉淀。

$$CO(NH_2)_2 + 3H_2O \Longrightarrow 2NH_4^+ + 2OH^- + CO_2$$

$$3Re^{3+} + 3CO_3^{2-} + 3OH^- + nH_2O \Longrightarrow Re_2(CO_3)_3Re(OH)_3 \cdot nH_2O\downarrow$$

第 4 组：称取 40 mmol 碳酸氢铵，即 3.16 g，在烧杯中用蒸馏水溶解。然后将碳酸氢铵溶液缓慢滴加到不断搅拌的稀土溶液中，调节沉淀时的 pH 为 7 左右，水温 80 ℃ 左右，使稀土离子沉淀。

$$2Re^{3+} + 3CO_3^{2-} \Longrightarrow Re_2(CO_3)_3\downarrow$$

（4）静止沉淀 10 h 后，将所得沉淀进行水洗，醇洗，抽滤，然后将其放入烘箱中 100 ℃ 下干燥 12 h，取出一部分留样。

（5）将干燥后的沉淀分成 3 份，分别在马弗炉中以 700 ℃、900 ℃、1 100 ℃ 焙烧 2 h。

1.13.6 实验报告

（1）请简单描述沉淀法制备（$Er_{0.02}$∶$Gd_{1.82}Y_{0.16}$）O_3 透明激光陶瓷粉体的原理及过程。
（2）简述 pH 计的使用方法。

1.13.7 讨论题

（1）为什么沉淀时需要控制 pH 和水温？
（2）对所得的沉淀进行水洗和醇洗的目的分别是什么？

1.14 强磁性 Fe_3O_4 纳米粉体材料的制备、分离与干燥处理

Fe_3O_4 纳米粒子是一种多功能磁性材料，可广泛应用于磁记录材料、磁流体、催化、医药、颜料、磁性高分子材料、隐身材料、防辐射抗静电纤维等领域。

1.14.1 实验目的

（1）了解强磁性 Fe_3O_4 纳米粒子的制备原理和特点；
（2）掌握纳米材料的常用化学制备方法；
（3）熟练掌握减压抽滤操作。

1.14.2 实验原理

纳米材料是指在三维空间中至少有一维处于纳米尺度范围（1~100 nm）或由它们作为

基本单元构成的材料。纳米材料的制备方法主要有物理方法和化学方法。本实验采用化学方法制备磁性 Fe_3O_4 纳米粒子。

纳米 Fe_3O_4 的制备方法很多，如化学共沉淀法、沉淀氧化法、微乳液法、水热法、机器研磨法、凝聚法、溶胶法制备纳米 Fe_3O_4 微粒等。用化学共沉淀法将 Fe^{3+} 和 Fe^{2+} 沉淀可以制备 Fe_3O_4，但并不属于纳米产品的范畴，这是因为沉淀过程中粒子会发生团聚，特别是干燥过程中粒子表面的收缩硬化现象，使得形成的粒子粒径很大，一般只能达到微米级。

表面活性剂是指具有固定的亲水亲油基团，在溶液的表面能定向排列，并能使溶液表面张力显著下降的一大类有机化合物，其用量很少，但应用却极为灵活、广泛。表面活性剂常见的作用有湿润、增溶、乳化、洗涤、发泡和分散等。本实验采用十二烷基磺酸钠（ $C_{12}H_{25}OSO_3Na$ ）作为分散剂。在制备过程中，表面活性剂包裹在初始粒子的周围，由于其表面静电效应，粒子之间发生排斥作用，可防止粒子的聚集与团聚，经处理后可制备纳米级微粉。

其化学反应过程为

$$Fe^{2+} + 2Fe^{3+} + 8OH^- \Longrightarrow Fe_3O_4 + 4H_2O$$

在反应体系中加入 $C_{12}H_{25}OSO_3Na$，配制适宜的反应物浓度，再将 OH^- 以适宜时间和速度加入反应体系中，以减压的方式进行固液分离，将固相进行干燥处理，即可得到纳米 Fe_3O_4 微粉。

1.14.3 实验仪器、设备及材料

（1）实验仪器：电子天平、烧杯、量筒、pH 试纸、玻璃棒、磁力搅拌器、电热恒温水浴锅、温度计、滴瓶、水循环式多用真空泵、布氏漏斗、抽滤瓶、烘箱。

（2）实验药品：硫酸铁、硫酸亚铁、蒸馏水、十二烷基磺酸钠、氢氧化钠。

1.14.4 实验内容

利用铁盐和氢氧化钠为主要原料，采用化学共沉淀法制备 Fe_3O_4 纳米粉体材料。

1.14.5 实验步骤及方法

按照下面提供的条件结合实验原理，设计出合适的原料配比。反应物摩尔配比为 $nFe^{2+} : nFe^{3+} = 1 : 1$，按照 3 g 硫酸铁的质量，计算出相应的硫酸铁的质量，将二者混合。

配制质量分数为 0.5% 的 $C_{12}H_{25}OSO_3Na$ 溶液 50 mL，配制 1.0 mol/L 的 NaOH 溶液 100 mL。在硫酸铁与硫酸亚铁的混合物中加入 40 mL $C_{12}H_{25}OSO_3Na$ 溶液，适当加热、搅拌，使二者溶解，控制反应温度为 35 ℃ 左右。

在继续搅拌的过程中，将 1.0 mol/L 的 NaOH 溶液以一定的速度加入，边滴加边搅拌，

最终调节溶液的 pH 大约为 12，之后继续搅拌 1 h，反应结束。将所得的悬浮液冷却、减压抽滤、洗涤，所得的固体置于 120 ℃ 烘箱，烘烤 3 h，得到纳米磁粉，研磨、称量，数据记录在表 1.14.1 中。

表 1.14.1　实验数据记录表

样品	硫酸亚铁	硫酸铁	产物质量	干燥后质量
质量/g				

注意事项：

（1）十二烷基磺酸钠的水溶液需要适当加热，否则会有絮状沉淀析出。

（2）NaOH 溶液的滴加速度不宜过快。

（3）NaOH 溶液的滴加过程中，水溶液温度不能过高。

1.14.6　实验报告

（1）请简单描述化学沉淀法制备 Fe_3O_4 纳米颗粒的原理及过程。

（2）请写出减压抽滤和沉淀洗涤的方法。

1.14.7　讨论题

（1）表面活性剂十二烷基磺酸钠在 Fe_3O_4 纳米颗粒制备过程中的作用是什么？

（2）NaOH 作为沉淀剂，其浓度与加入速度对 Fe_3O_4 纳米颗粒形成有何影响？

1.15　碳钢的常规热处理工艺

常规热处理是指将碳钢在固态下从室温加热到预定的温度，并在该温度下保持一段时间，然后以一定的速度冷却到室温的一种热加工工艺。通过热处理可以改变钢的内部组织，进而改变钢的力学性能。常规热处理主要指退火、正火、淬火和回火 4 种工艺。

1.15.1　实验目的

（1）掌握钢的常规热处理原理；

（2）熟悉 4 种常规热处理工艺实施过程；

（3）初步了解不同的热处理过程对钢的组织及性能的影响。

1.15.2　实验原理

钢的淬火是指将钢加热到临界点 Ac_3 或 Ac_1 以上一定温度，保温后以大于临界冷却速度的速度冷却得到马氏体的热处理工艺。淬火的目的是使奥氏体化后的工件获得尽量多的马氏体，然后以不同温度回火获得各种需要的性能。

钢的回火是将淬火钢在A_1以下温度加热，使其转变为稳定的回火组织，并以适当方式冷却到室温的工艺过程。回火的目的是减小或消除淬火应力，保证相应的组织转变，提高钢的韧塑性，获得良好的综合力学性能。

钢的正火是将钢加热到Ac_3或Ac_{cm}以上适当温度，保温以后在空气中冷却得到珠光体类组织的热处理工艺。正火可以作为预备热处理，为机械加工提供适宜的温度，又能细化晶粒，消除应力，为最终热处理提供合适的组织状态。

钢的退火是将钢加热到临界点以上或以下温度，保温后随炉冷却获得近似平衡组织的热处理工艺，其主要目的是均匀钢的化学成分及组织，细化晶粒，调整硬度，消除内应力和加工硬化，改善钢的成型及切削加工性能，并为淬火做好组织准备。

图1.15.1为铁碳相图加热与冷却过程中的曲线移动图。

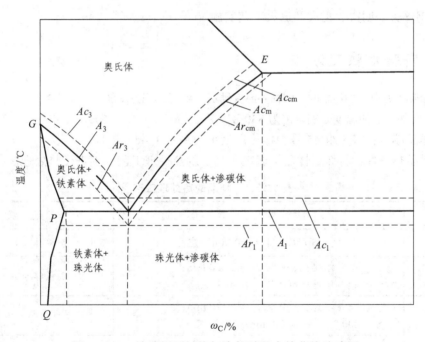

图1.15.1　铁碳相图加热与冷却过程中的曲线移动图

1.15.3　实验仪器、设备及材料

（1）实验仪器：箱式电阻炉（见图1.15.2）、金相显微镜、预磨机、抛光机、热处理钳、钢字码、砂纸、手套等。

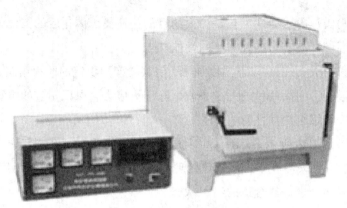

图 1.15.2　箱式电阻炉

（2）实验材料：45 号钢、10% 氯化钠水溶液、10% 硝酸酒精溶液、淬火油、水砂纸。

1.15.4　实验内容

45 号钢淬火、回火、正火及退火工艺实施。

1.15.5　实验步骤及方法

（1）加热炉升温：加热温度由钢临界温度确定。45 号钢临界温度 Ac_1 为 724 ℃，Ac_3 为 780 ℃。因此，将 4 台加热炉的温度分别设定为 830 ℃（$Ac_3 + 30 \sim 50$ ℃）、600 ℃、400 ℃、200 ℃。

（2）样品编号：将 8 组 45 号钢样品用钢字码编号 1~8。

（3）样品热处理：将 8 组样品按照表 1.15.1 的热处理工艺分别进行热处理。

表 1.15.1　样品的热处理工艺

样品标号	热处理工艺参数	组　织
1	正火：830 ℃，保温 20 min，空冷	铁素体＋珠光体
2	奥氏体化：830 ℃，保温 20 min； 等温处理：600 ℃，保温 1 h	铁素体＋珠光体
3	等温淬火：830 ℃，保温 20 min； 200 ℃，保温 30 min；水淬	下贝氏体＋马氏体
4	淬火：830 ℃，保温 20 min，水淬	马氏体＋残余奥氏体
5	淬火：830 ℃，保温 20 min，油淬	马氏体＋残余奥氏体
6	淬火：830 ℃，保温 20 min，水淬； 低温回火：200 ℃，保温 1 h，空冷	回火马氏体
7	淬火：830 ℃，保温 20 min，水淬； 中温回火：400 ℃，保温 1 h，空冷	回火屈氏体
8	淬火：830 ℃，保温 20 min，水淬； 高温回火：600 ℃，保温 1 h，空冷	回火索氏体

1.15.6 实验报告

（1）简述 4 种常规热处理原理和热处理实施过程。

（2）绘制 45 号钢 4 种热处理工艺曲线（从加热开始到最后冷却结束）。

（3）完成讨论题的作业。

1.15.7 讨论题

（1）为什么 45 号钢选择淬火温度为 830 ℃，保温时间为 20 min？温度过高，时间过长，淬火后组织有什么特点？加热温度过低组织有什么特点？

（2）45 号钢经过本实验热处理后，硬度和力学性能有什么特点？

1.16 铝合金熔炼与铸造

金属熔炼与铸造是将熔化后的金属溶液浇注到一定形状和尺寸的模具里获得工件的一种方法，在生产过程中占据重要的地位。

1.16.1 实验目的

（1）掌握电阻炉的操作规程及常用熔炼浇注工具的使用方法。

（2）掌握铝合金的熔炼及铸造工艺，并应用在熔化的实践中。

1.16.2 实验原理

熔炼是使金属合金化的一种方法，它是采用加热的方式改变金属物态，使基体金属和合金化组元按要求的配比熔制成成分均匀的熔体，并使其满足内部纯洁度、铸造温度和其他特定条件的一种工艺过程。熔体的质量对铝材的加工性能和最终使用性能产生决定性的影响，如果熔体质量先天不足，将给制品的使用带来潜在的危险。因此，熔炼又是对加工制品的质量起支配作用的一道关键工序。

铸造是一种使液态金属冷凝成型的方法，它是将符合铸造的液态金属通过一系列浇注工具浇入到具有一定形状的铸模（结晶器）中，使液态金属在重力场或外力场（如电磁力、离心力、振动惯性力、压力等）的作用下充满铸模型腔，冷却并凝固成具有铸模型腔形状的铸锭或铸件的工艺过程。

铝合金的铸锭法有很多，根据铸锭相对铸模（结晶器）的位置和运动特征，可将铝合金的铸锭方法分类如下：

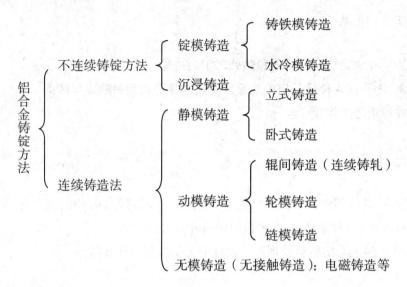

实验过程中要严格控制熔化工艺参数。

1. 熔炼温度

熔炼温度越高，合金化程度越完全，但熔体氧化吸氢倾向越大，铸锭形成粗晶组织和裂纹的倾向性越大。

通常，铝合金的熔炼温度都控制在合金液相线温度以上 50～100 ℃。从图 1.16.1 的 Al-Cu 相图可知，Al-5% Cu 的液相线温度大致为 660～670 ℃，因此，它的熔炼温度应定在 710～760 ℃ 或 720～770 ℃。浇注温度为 730 ℃ 左右。

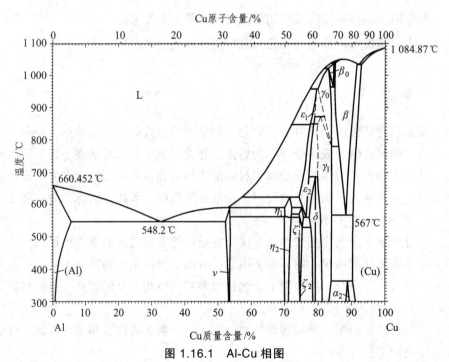

图 1.16.1 Al-Cu 相图

2. 熔炼时间

熔炼时间是指从装炉升温开始到熔体出炉为止，炉料以固态和液态形式停留于熔炉中的总时间。熔炼时间越长，则熔炉生产率越低，炉料氧化吸气程度越严重，铸锭形成粗晶组织和裂纹的倾向性越大。精炼后的熔体，在炉中停留越久，则熔体重新污染，成分发生变化，变形处理失效的可能性越大。因此，作为一条总的原则，在保证完成一系列的工艺操作所必需的时间的前提下，应尽量缩短熔炼时间。

3. 合金化元素的加入方式

与铝相比，铜的密度大，熔点虽高（1 083 ℃），但在铝中的熔解度大，熔解热也很大，无需将预热即可熔解，因此，可以以纯金属板的形式在主要炉料熔化后直接加入熔体中，也可与纯铝一同加入。

4. 注意覆盖

铝在高温熔融状态，极易形成 Al_2O_3 氧化膜，因此要对铝熔体进行保护。就铝铜合金而言，所用的覆盖剂为：40%KCl + 40%NaCl + 20% 冰晶石（Na_3AlF_6）的粉状物。它的密度约为 2.3 g/cm^3，熔点约 670 ℃，这种覆盖剂不仅能防止熔体氧化和吸氢，同时还具有排氢效果。这是因为它的熔点比熔体温度低，密度比熔体小，还具有良好的润湿性能，在熔体表面能够形成一层连续的液体覆盖膜，将熔体和炉料隔开，且具有一定的精炼能力，因而，这种覆盖剂具有良好的覆盖、分离、精炼等的综合工艺性能。加入量一般为熔体质量的 2% ~ 5%。

5. 注意扒渣

当炉料全部熔化后，在熔体表面会形成一层由溶剂、金属氧化物和其他非金属夹杂物所组成的熔渣。在进行浇注之前，必须将这层渣除掉。其目的是：

（1）防止熔体夹渣。

（2）减少熔体吸气机会（因为熔渣是水蒸气的良好载体）。

（3）加强传热。扒渣时，工具要干净，要预热；操作要平稳，不起波浪。

6. 加涂料并加热

金属模要加涂料并加热到 300 ℃ 左右。涂料一般采用氧化锌和水或水玻璃调和。

1.16.3　实验仪器、设备及材料

（1）天平；

（2）立式电阻炉；

（3）石墨坩埚；

（4）金属型、砂型、锯、手钳等；

（5）铝块、铜板。

1.16.4　实验内容

熔炼 Al-Cu 合金，并铸造。

1.16.5　实验步骤及方法

（1）备料：按照 Al-5%Cu 的质量百分比，用天平称好炉料（按每炉 100 g 计算）。

（2）装料：将纯铝块和铜板同时加入电阻炉的坩埚中，然后加入覆盖剂。

（3）升温：注意调整电流、电压，温度控制在 710～770 ℃。

（4）调温：主要是为浇注作准备，熔体温度太低，流动性不佳，不易充满模子，而熔体温度太高，易氧化和形成粗大晶粒。

（5）浇注：将熔体倒入预先准备的模子中，待完全凝固后，再脱模。

（6）脱模：取出铸件，注意要戴手套。

1.16.6　实验报告

简述实验过程及心得体会。

1.16.7　讨论题

（1）什么是熔炼与铸锭？它们有何作用？

（2）简述铝合金熔铸基本操作过程。

1.17　环形件开式模锻

模锻是利用模具使毛坯变形而获得锻件的方法。它的优点是生产率高，锻件尺寸精度高，表面质量好，省材料，省机加工工时，易实现机械化和大批量生产，操作简单，劳动强度低。

1.17.1　实验目的

（1）了解模锻环形件不同阶段金属塑性流动的特性；

（2）了解原毛坯尺寸对模锻过程的影响。

1.17.2　实验原理

模锻环形件时，可以将金属塑性流动情况分成 4 个阶段，如图 1.17.1 所示。

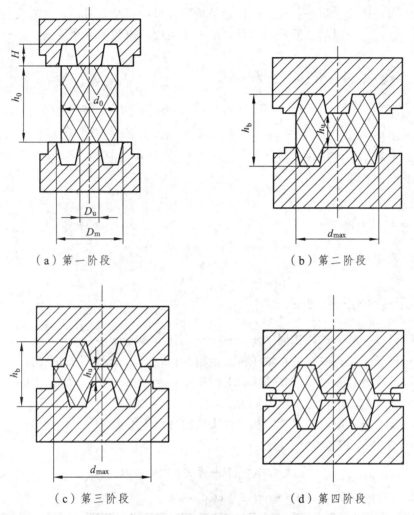

（a）第一阶段　　　　　　　　　　（b）第二阶段

（c）第三阶段　　　　　　　　　　（d）第四阶段

图 1.17.1　金属塑性流动过程

第一阶段：开口冲孔阶段——金属与模子中间突起接触并开始冲孔，这一阶段除中间冲头外，其他模壁都未与金属接触，故称开口冲孔，冲头向下压，挤出的金属沿直径方向流动，使直径方向尺寸增加，并因冲头压下使高度 h_0 减小，当金属与模壁 D_m 接触时开口冲孔阶段结束。

第二阶段：填满模腔阶段——金属导模壁 D_m 接触后开始产生毛边，这时金属流动性质与开口冲孔时完全两样，毛边产生了阻力，迫使金属填满模腔。

第三阶段：填满圆角阶段——当金属与模腔底部接触时，即 $h_b = h_u + 2H$ 时，第二阶段就结束，开始第三阶段填满圆角，这时 h_b 随模子压下程度而改变，同时流出更多的毛边，产生更大的阻力，使模子每个圆角填满，当模腔填满后，第三阶段结束。

第四阶段：锻足阶段——模腔已全部填满，若高度稍差，可再向下压，把多余金属挤出成为毛边，使锻件高度减少。

模锻时，原毛坯尺寸对各阶段金属的变形过程有着重大影响，毛坯尺寸不合适就会产生夹层、填不满等废品或金属消耗增加，即毛边尺寸增大，故选择最合适的毛坯尺寸就会使金属填满最好，而毛边尺寸最小，也就是当第一阶段开口冲孔结束时，金属流入模腔最多，填满情况最好。这样，在以后各阶段中，只要出一点毛边，模腔就完全填满。

1.17.3　实验仪器、设备及材料

（1）镦粗机 1 台；
（2）环形锻模 1 套；
（3）游标卡尺 1 支，垫块 6 块；
（4）铅质试件 3 块。

1.17.4　实验内容

研究开式模锻的变形特征。

1.17.5　实验步骤及方法

第一号试件尺寸和原试件相同：$h_{01} = 60$ mm，$d_{01} = 30$ mm。
第二号试件尺寸是将原试件在轴压机上镦粗至：$h_{02} = 32$ mm，d_{02}（平均）＝　　mm。
第三号试件尺寸是将原试件在轴压机上镦粗至：$h_{03} = 20$ mm，$d_{03} =$　　mm。
将毛坯放在模腔正中，每次压下量为 3～10 mm，开始时压下量可大些，以后逐渐减少，并要特别注意求得各个阶段的尺寸。利用垫块控制高度，每次压完后再量出 h_u、h_b、d_{max} 尺寸，填入表 1.17.1～1.17.3 中。

表 1.17.1　第一号试件实验数据

第一号试件　　$d_{01} =$　　mm，$h_{01} =$　　mm。

压缩序号	中心高度 h_u	中心高度与原始高度比 h_u / h_0	边缘高度 h_b	边缘高度与原始高度比 h_b / h_0	最大直径 d_{max}	第几阶段
1						
2						
3						
4						
5						
6						
毛坯逐步变形断面图						

表 1.17.2　第二号试件实验数据

第二号试件　$d_{02} =$ 　　 mm，$h_{02} =$ 　　 mm。

压缩序号	中心高度 h_u	中心高度与原始高度比 h_u/h_0	边缘高度 h_b	边缘高度与原始高度比 h_b/h_0	最大直径 d_{max}	第几阶段
1						
2						
3						
4						
5						
6						
毛坯逐步变形断面图						

表 1.17.3　第三号试件实验数据

第三号试件　$d_{03} =$ 　　 mm，$h_{03} =$ 　　 mm。

压缩序号	中心高度 h_u	中心高度与原始高度比 h_u/h_0	边缘高度 h_b	边缘高度与原始高度比 h_b/h_0	最大直径 d_{max}	第几阶段
1						
2						
3						
4						
5						
6						
毛坯逐步变形断面图						

1.17.6　实验报告

（1）指出该模子最合适的毛坯尺寸 $d =$　　mm，$h =$　　mm；若毛坯直径太大、太小时，都会发生哪些现象，分析其原因。

（2）以 h_u/h_0 为横坐标，h_b/h_0 为纵坐标画出 3 个试样的 h_u/h_0 - h_b/h_0 曲线，分析每个阶段曲线变化的原因及 3 条曲线不同的原因。

1.17.7　讨论题

（1）讨论开式模锻的变形过程及规律。

（2）试述飞边槽的常用结构形式及适用范围。

1.18　溶液沉积法结合旋涂法制备二氧化钛薄膜

薄膜是一种二维材料，其制备方法有很多种，主要分为物理制备方法、化学制备方法、电化学制备方法。本实验采用的溶液沉积法结合旋涂法基本属于化学制膜方法。溶液沉积法结合旋涂法是目前制备无机材料薄膜使用较广的一种方法，由于其生产成本低，镀膜时所需的温度也较低，因此受到重视。

1.18.1　实验目的

（1）掌握溶液沉积法结合旋涂法制备二氧化钛（TiO_2）薄膜的工艺过程；

（2）学习使用数显匀胶机；

（3）了解薄膜材料在大规模集成电路中所起的重要作用。

1.18.2　实验原理

二氧化钛由于具有高的催化活性和光稳定性，可用于制作电介质材料、光催化薄膜、减反射涂层、氧传感器、湿度传感器等，实现有机物降解、自清洁以及太阳能转换等功能。

由于超细二氧化钛粉末在应用时存在易团聚、难分离等问题，而将二氧化钛粉体负载于一些固体材料的表面则可以得到分散性好的二氧化钛薄膜；也就是将二氧化钛或其前驱体，运用各种镀膜工艺，涂覆在各种基材上。

溶液沉积法结合旋涂法是目前制备无机材料薄膜使用较广的一种方法，本实验采用溶液沉积法结合旋涂法。此外，溶胶-凝胶法制备薄膜也十分普遍。其原理是以适宜的无机盐或有机盐为原料制成溶胶，涂覆在基体表面，经水解和缩聚反应等在基材表面胶凝成膜，再经干燥、煅烧与烧结获得表面膜。

1.18.3　实验仪器、设备及材料

（1）实验设备：中国科学院微电子研究所生产的数显匀胶机（见图 1.18.1）；

图 1.18.1　KW-4A 型数显匀胶机

（2）实验仪器：电炉、控温仪、烧杯、玻璃棒、移液管、磁力搅拌器、一次性注射器及过滤器；

（3）实验原料：钛酸四丁酯（化学纯）、无水乙醇（分析纯）、盐酸（分析纯）、乙酸（分析纯）、去离子水、pH 试纸。

1.18.4　实验内容

使用溶液沉积法，结合 KW-4A 型数显匀胶机采用旋涂法制备二氧化钛薄膜。

1.18.5　实验步骤及方法

1. 配置 0.2 mol/L 的二氧化钛前躯体约 15 mL 溶液

（1）由分子计量比计算出钛酸四丁酯的用量（1 mL）。

（2）将钛酸四丁酯加入到 7.5 mL 无水乙醇中，充分搅拌后滴入适量盐酸调节其 pH 为 1~2，完成 1 号溶液；将 1 mL 乙酸溶于去离子水，用盐酸调节 pH 为 1~2，完成 2 号溶液。

（3）将 2 号溶液逐滴加入到 1 号溶液中，充分搅拌。

（4）用注射器和过滤器滤出沉淀，即得二氧化钛前躯体溶液，最终配置的前躯体溶液为纯净透明液体。

2. 硅片的清洗

（1）用去离子水冲洗 3 次。

（2）用无水乙醇冲洗 3 次。

3. 利用匀胶机制备二氧化钛薄膜

匀胶机的工作原理是利用电机高速旋转时产生的离心力,将滴于基片上多余的胶液甩出,

在胶液表面张力和离心力的共同作用下，形成厚度均匀的胶膜。胶膜的厚度与胶液的浓度及离心力有关，改变胶液的浓度或调节匀胶的转速可以得到理想的胶膜。

操作步骤：

（1）首先打开"电源"旋钮。把制备的硅片（或者玻璃片）放到匀胶机中央实验台上。

（2）依次打开"工位 1"、"匀胶开"旋钮；然后调整"转速"旋钮，使其慢慢转动起来，同时观察硅片是否偏离中央位置，若偏离较大，打开"匀胶关"，按下"工位 1"，再次调整硅片位置，使其旋转时处于中央位置。

（3）用胶头滴管贴近硅片表面中央迅速滴下 4～5 滴制备液，在 200～300 r/min 速度下匀胶 4～10 s，在 3 000 r/min 的速度下匀胶 30 s，打开"匀胶关"，按下"工位 1"，取出硅片。

（4）把所得的湿膜在空气中进行热处理，以 10～20 ℃ 的升温速率升至 300 ℃，并保持 10 min，然后降至室温。

（5）重复以上操作 10～20 次，可得到所需厚度的二氧化钛薄膜。

在 700～800 ℃ 退火 10 min，可得到实用的、性能稳定的多晶或取向晶态二氧化钛薄膜。

注意事项：

在硅衬底上制备薄膜，硅片易碎，实验操作需谨慎细心。

1.18.6　实验报告

（1）请简单描述溶液沉积法制备薄膜的原理及过程。

（2）请写出本次实验中印象较深的内容及收获。

1.18.7　讨论题

（1）所制备薄膜的质量与哪些因素有关？

（2）二氧化钛薄膜制备过程中所见到的薄膜色彩的变化是何原因？

1.19　塑料的注塑成型工艺

注塑成型是一种重要的塑料成型加工方法，能生产结构复杂、尺寸精确的制品，生产周期短，自动化程度高。将粒状或粉状塑料从注塑机的料斗送进加热的料筒，经加热熔化呈流动状后，由柱塞或螺杆的推动而通过料筒端部的喷嘴注入温度较低的闭合模具中，充满塑模的熔料在受压的情况下，经冷却固化后即可保持塑模型腔所赋予的形状。

1.19.1　实验目的

（1）了解塑料注塑成型的工艺特点；

（2）了解常见塑料原料的有关参考温度值；

（3）观察分析残次品的生成原因。

1.19.2　实验原理

注塑机具有能一次成型外形复杂、尺寸精确或带有金属嵌件的质地密致的塑料制品，被广泛应用于国防、机电、汽车、交通运输、建材、包装、农业、文教卫生及人们日常生活各个领域。注塑成型工艺对各种塑料的加工具有良好的适应性，生产能力较高，并易于实现自动化。在塑料工业迅速发展的今天，注塑机不论在数量上还是在品种上都占有重要的地位，从而成为目前塑料机械中增长最快、生产数量最多的机种之一。

注塑机的工作原理与打针用的注射器相似，它是借助螺杆（或柱塞）的推力，将已塑化好的熔融状态（即黏流态）的塑料注射到闭合好的模腔内，经固化定型后取得制品的工艺过程。

注塑成型是一个循环的过程，每一周期主要包括：定量加料—熔融塑化—施压注射—充模冷却—启模取件。取出塑件后重行闭模，进行下一个循环。

1.19.3　实验仪器、设备及材料

HCF168X 型注塑机 1 台，聚乙烯原料若干，脱模剂，润滑油。

1.19.4　实验内容

掌握塑料的注塑成型工艺。

1.19.5　实验步骤及方法

1. 注塑机的操作

（1）注塑机的动作程序：喷嘴前进→注射→保压→预塑→倒缩→喷嘴后退→冷却→开模→顶出→退针→开门→关门→合模→喷嘴前进。

（2）注塑机操作项目。注塑机操作项目包括控制键盘操作、电器控制柜操作和液压系统操作 3 个方面。分别进行注射过程动作、加料动作、注射压力、注射速度、顶出形式的选择，料筒各段温度及电流、电压的监控，注射压力和背压的调节等。

2. 注射过程动作选择

一般注塑机既可手动操作，也可以半自动和全自动操作。

正常生产时，一般选用半自动或全自动操作。操作开始时，应根据生产需要选择操作方式（手动、半自动或全自动），并相应拨动手动、半自动或全自动开关。

当一个周期中各个动作未调整妥当之前，应先选择手动操作，确认每个动作正常之后，再选择半自动或全自动操作。

3. 预塑动作选择

根据预塑加料前后注座是否后退，即喷嘴是否离开模具，注塑机一般设有 3 种选择：固

定加料，前加料，后加料。

一般生产多采用固定加料方式以节省注座进退操作时间，加快生产周期。

4. 注射压力选择

注塑机的注射压力由调压阀进行调节，在调定压力的情况下，通过高压和低压油路的通断，控制前后期注射压力的高低。

为了满足不同塑料要求有不同的注射压力，也可以采用更换不同直径的螺杆或柱塞的方法，这样既满足了注射压力，又充分发挥了机器的生产能力。在大型注塑机中往往具有多段注射压力和多级注射速度控制功能，这样更能保证制品的质量和精度。

5. 注射速度的选择

一般注塑机控制板上都有快速、慢速旋钮用来满足注射速度的要求。在液压系统中设有一个大流量油泵和一个小流量泵同时进行供油。当油路接通大流量油泵时，注塑机实现快速开合模、快速注射等；当液压油路只提供小流量时，注塑机各种动作就缓慢进行。

6. 温度控制

以测温热电偶为测温元件，配以测温毫伏计成为控温装置，指挥料筒和模具电热圈电流的通断，有选择地固定料筒各段温度和模具温度。

表 1.19.1 为常见塑料原料的有关参考温度值。

表 1.19.1　常见塑料原料的有关参考温度值

塑料名称	熔点/°C	成型温度/°C	干燥温度/°C
ABS	110	180～230	80～100
PC	250	250～300	100～120
ABS + PC	230	230～280	90～100
PA6	210	220～280	80～120
PA66	260	260～310	80～120
PMMA	115	180～220	80
PP	150	200～270	60
TPR		150～230	60
TPU	220	170～230	80
PBT		230～270	120～140
GPPS	100	160～260	60～80
HIPS	100	170～310	60～80

注意事项：

（1）操作过程。

① 不要为贪图方便，随意取消安全门。

② 注意观察压力油的温度，油温不要超出规定的范围。液压油的理想工作温度应保持在 45 ~ 50 ℃，一般在 35 ~ 60 ℃ 比较合适。

③ 注意调整各行程限位开关，避免机器在动作时产生撞击。

（2）工作结束时。

① 停机前，应将机筒内的塑料清理干净，预防剩料氧化或长期受热分解。

② 应将模具打开，使肘杆机构长时间处于闭锁状态。

③ 车间必须备有起吊设备。装拆模具等笨重部件时应十分小心，以确保生产安全。

（3）注塑制品产生缺陷的原因及其处理方法。

在注塑成型加工过程中可能由于原料处理不好、制品或模具设计不合理、操作工没有掌握合适的工艺操作条件，或者因机械方面的原因，常常使制品产生注不满、凹陷、飞边、气泡、裂纹、翘曲变形、尺寸变化等缺陷。

对塑料制品的评价主要有 3 个方面：第一是外观质量，包括完整性、颜色、光泽等；第二是尺寸和相对位置间的准确性；第三是与用途相应的机械性能、化学性能、电性能等。这些质量要求又根据制品使用场合不同，要求的尺度也不同。

生产实践证明，制品的缺陷主要在于模具的设计、制造精度和磨损程度等方面。但事实上，塑料加工厂的技术人员往往苦于面对用工艺手段来弥补模具缺陷带来的问题和成效不大的困难局面。

生产过程中工艺的调节是提高制品质量和产量的必要途径。由于注塑周期本身很短，如果工艺条件掌握不好，废品就会源源不断。在调整工艺时最好一次只改变一个条件，多观察几次，如果压力、温度、时间统统一起调的话，很易造成混乱和误解，出了问题也不知道是何原因。调整工艺的措施、手段是多方面的。例如，解决制品注不满的问题就有十多个可能的解决途径，要选择出解决问题症结的一两个主要方案，才能真正解决问题。此外，还应注意解决方案中的辩证关系。例如，制品出现了凹陷，有时要提高料温，有时要降低料温；有时要增加料量，有时要减少料量。要承认逆向措施的解决问题的可行性。

1.19.6　实验报告

（1）简述注塑成型机的工作原理。

（2）简述注塑成型的工艺特点。

1.19.7　讨论题

试分析残次品的生成原因。

1.20　粉末冶金法制备铝基复合材料

粉末冶金是制取金属或用金属粉末（或金属粉末与非金属粉末的混合物）作为原料，经过成型并在低于金属熔点的温度下进行烧结，利用粉末间原子的扩散来使其结合，从而制造出金属材料、复合材料以及各种类型制品的工艺技术。

1.20.1 实验目的

（1）掌握粉末冶金的原理，了解粉末冶金的一般工艺；
（2）熟悉粉末冶金的常规方法及相关仪器的使用；
（3）掌握粉末冶金制备铝基复合材料的工艺。

1.20.2 实验原理

粉末的制备、成型、烧结是粉末冶金的 3 个基本环节。

1. 机械合金化技术

机械合金化是指金属或合金粉末在高能球磨机中通过粉末颗粒与磨球之间长时间激烈地冲击、碰撞，使粉末颗粒反复产生冷焊、断裂，导致粉末颗粒中原子扩散，从而获得合金化粉末的一种粉末制备技术。当球磨时间非常长时，在某些体系中也可通过固态扩散，使各组元进行原子间结合而形成合金或化合物。

（1）球磨装置：① 滚动球磨机；② 振动球磨装置；③ 行星球磨机；④ 搅拌球磨机。
（2）球磨机理：一般来说，金属粉末在球磨时，有 4 种形式的力作用在颗粒材料上，即冲击、摩擦、剪切和压缩。冲击是一物体被另一物体瞬间撞击。在冲击时，两个物体可能都在运动，或者一个物体是静止的。脆性物料粉末在瞬间受到冲击力后会被击碎。摩擦是由于两物体间因相互滚动或滑动产生的，摩擦作用产生磨损碎屑或颗粒。当材料较脆和耐磨性极低时，摩擦起主要作用。剪切是切割或劈开颗粒。通常，剪切与其他形式的力结合在一起发挥作用。两物体斜碰可以产生剪切应力，剪切有助于通过切断将颗粒破碎成单个颗粒，同时产生的细屑极少。压缩是将压力缓慢施加于物体上，压碎或挤压颗粒材料。

2. 粉末成型原理

传统的粉末冶金成型通常是要将需要成型的粉末装入钢模内,在压力机上通过冲头单向或双向施压而使其致密化和成型,压力机能力和压膜的设计成为限制压件尺寸及形状的重要因素。

液压机的基本原理是油泵把液压油输送到集成插装阀块，通过各个单向阀和溢流阀把液压油分配到油缸的上腔或者下腔，在高压油的作用下，使油缸进行运动。液压机是利用液体来传递压力的设备。液体在密闭的容器中传递压力时遵循帕斯卡定律。四柱液压机的液压传动系统由动力机构、控制机构、执行机构、辅助机构和工作介质组成。

大、小柱塞的面积分别为 S_2、S_1，柱塞上的作用力分别为 F_2、F_1。根据帕斯卡原理，密闭液体压强各处相等，即 $F_2/S_2 = F_1/S_1 = p$；$F_2 = F_1 (S_2/S_1)$。表示液压的增益作用，与机械增益一样，力增大了，但功不增大，因此，大柱塞的运动距离是小柱塞运动距离的 S_1/S_2 倍，如图 1.20.1 所示。

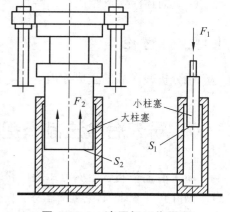

图 1.20.1 液压机工作原理

3. 粉末的烧结原理

粉末的烧结是指将超微粉末压制成具有一定密度的毛坯之后，在一定温度下烧结时的行为。经过烧结处理后，超微粒子间会形成冶金结合，离子键的空隙尺寸较小甚至消失，超微粒子间的边界消除，粒子凝聚长大，烧结体的尺寸收缩。

一般认为，坯体粉末在高温过程中随时间的延长而发生收缩，在低于熔点的温度下，坯体或粉末变成致密的多晶体，强度和硬度均增大，此过程成为烧结。在高温过程中，由金属或非金属原料所组成的配合料可能会发生一系列物理、化学反应。如蒸发、脱水、热分解、氧化还原反应和相变；固相反应和烧结；析晶、晶体长大等。在烧结阶段发生的主要是微粒或晶粒尺寸与形状的变化、气孔尺寸与形状的变化；在烧结完成致密体的最后阶段，气孔将从固体粉体中基本消除，形成一定的显微结构，从而赋予其一定的性能。

1.20.3　实验仪器、设备及材料

（1）实验设备：激光粒度分布仪、电子天平、电热鼓风干燥箱、球磨机、液压机、高温管式炉；

（2）实验材料：纯铝粉、SiC 超微粉；

（3）其他：烧杯、滤纸、密封袋、筛网。

1.20.4　实验内容

（1）粉末原料测定；

（2）球磨混合；

（3）压制成型；

（4）烧结。

1.20.5　实验步骤及方法

1. 粉末原料分析

用激光粒度分布仪测定粉末原料的粒径。

2. 球磨混合

（1）分别用电子天平称取 SiC、Al 质量配比为 20% 的粉末原料 120 g，装在烧杯里；

（2）将混合好的复合粉末放入电热鼓风干燥箱内 60 ℃ 下 2 h 烘干；

（3）将称好的配料按球料比 2.5∶1 装在行星式球磨机内，每个球磨罐内加入 30 g 的混合粉末，设定转速为 100 r/min，球磨混合 4 h；

（4）将磨好的复合粉末分别装入密封袋，并关闭电源。

3. 压制成型

将混合料用液压机进行冷压，压制压力为 400 MPa，保压 60 s，试样尺寸为 $\phi 50$ mm×30 mm。

4. 烧　结

将压好的坯料在高温管式炉内 600 °C 下烧结 2 h，保温 1 h，水淬后取出。

1.20.6　实验报告

（1）简述粉末冶金制备复合材料的原理与制备工艺。

（2）请写出本实验的心得体会。

1.20.7　讨论题

（1）利用粉末冶金法制备铝基复合材料时，制备、成型和烧结 3 个阶段都有哪些注意事项，对复合材料的组织有何影响？

（2）在该材料制备过程中应注意哪些问题？

2 金属材料加工成型方向实验

2.1 碳钢金相样品的制备与显微组织的显露

2.1.1 实验目的

（1）掌握金相样品的制备过程；

（2）熟悉显微组织的显露方法；

（3）学习利用金相显微镜进行显微组织分析。

2.1.2 实验原理

利用金相显微镜来研究金属和合金组织的方法叫显微分析法。它可以解决金属组织方面的很多问题，如金属夹杂物、金属与合金的组织，晶粒的大小和形状、偏析、裂纹以及热处理操作是否合理等。

金相样品是用来在显微镜下进行分析、研究的试样，所以对金相样品的观察面光洁度要求很高，要求达到镜面一样的光亮，无一点划痕。

金相样品的制备过程包括取样、磨制、抛光、腐蚀等步骤。

2.1.3 实验仪器、设备及材料

（1）M-2 型金相预磨机；

（2）P-2B 型金相试样抛光机；

（3）XJP-100 型金相显微镜；

（4）45 号钢试样；

（5）水砂纸、金相砂纸、玻璃板；

（6）抛光粉、呢子、绒布、医用脱脂棉、滤纸；

（7）无水酒精、硝酸；

（8）烧杯、镊子、吹风机。

2.1.4 实验内容

（1）掌握一般金相显微样品的制备过程和基本方法。

（2）熟悉碳钢平衡组织的显微形貌特征及识别方法。

2.1.5 实验步骤及方法

1. 取 样

根据研究的目的，要取具有代表性的部位，如检查轧制材料应截取纵横两个截面的样品；对于一般热处理的零件，由于金相组织比较均匀，试样的截取可在任意截面进行。试样的尺寸通常采用 $\phi12 \sim 15$ mm，高 $12 \sim 15$ mm 的圆柱体或边长 $12 \sim 15$ mm 的方形试样。在截取试样时不宜使试样温度过于升高，以免引起金属组织的变化，影响分析结果。

形状不规则或太小的试样，为了便于制备，应将样品用试样夹夹住或用低熔点金属、电木粉或环氧树脂镶嵌成尺寸适合手握的试样。

2. 磨 制

试样截取后，将试样的磨面在砂轮上（或用锉刀）制成平面。在砂轮上磨制时，应握紧试样，使试样受力均匀，压力不要太大，并随时用水冷却，以防受热引起金属组织变化。

磨平的试样用水洗净，在预磨机上顺序用 150、240、360 水砂纸磨制，将水砂纸贴在预磨机的转盘上，磨制时对样品的压力不可过大，并及时加水冷却。每换一号砂纸时将试样用水洗净，以防粗砂粒被带到下一道砂纸上。

将预磨机上处理过的试样用水洗净吹干后，随即依次在由粗到细的 400 号、600 号、800 号、1 000 号金相砂纸上磨制。磨制时砂纸应平铺于玻璃板上，左手按住砂纸，右手握住试样，使磨面朝下并与砂纸接触，在轻微压力作用下把试样向前推磨，用力要均匀，力求平稳，否则会使磨痕过深，并且造成试样磨面的变形。试样退回时不能与砂纸接触。这样"单程单向"地反复进行，直至磨面上旧的磨痕被去掉，新的磨痕均匀一致时为止。在更换下一号更细砂纸时，应将试样上磨屑和砂粒清除干净，试样转动 90°（也就是与上一号砂纸的磨痕方向相垂直），将上一号砂纸的磨痕全部磨掉后，再更换更细的一号砂纸。

3. 抛 光

抛光的目的在于去除磨面上的细磨痕和变形层，以获得光滑的镜面。常用的抛光方法有机械抛光、电解抛光和化学抛光 3 种，其中以机械抛光应用最广，本实验仅介绍机械抛光。

机械抛光是在抛光机上进行的，一般用 P-2B 型抛光机来完成。试样经砂纸磨制后要用水冲洗干净，防止砂粒或金属屑带入抛光盘中，本实验的抛光操作分为粗抛光和细抛光两道工序。

首先进行粗抛光，在抛光盘上放置呢子，在呢子上撒抛光剂（2% 的 Al_2O_3 水悬浊液）。抛光机由电机带动抛光盘转动，试样磨面均匀平整地压在旋转的抛光盘上，随着抛光盘旋转要不停地滴加 Al_2O_3 抛光剂，试样被抛光直到原来砂纸的磨痕全部被抛掉为止。

粗抛光完成后进行细抛光，在抛光盘上放置绒布，抛光剂为肥皂水，细抛光过程同粗抛光，直到试样表面像镜面一样光亮为止。

注意事项：

抛光时要不断地向抛光盘上撒抛光剂，头一定要抬起来，身子站直，手要握稳试样，防止抛光过程中试样飞出发生意外。

4. 腐　蚀

抛光好的试样磨面是光滑镜面，在显微镜下只能看到夹杂物、石墨、孔洞、裂纹等。要观察金属的组织，必须经过适当的腐蚀，使显微组织能正确的显示出来。目前，最常用的腐蚀方法是化学浸蚀法，本试验采用化学浸蚀法。

化学浸蚀法是将抛光好的试样磨面在化学浸蚀剂（常用酸、碱、盐的酒精或水溶液，本实验用 3% 硝酸酒精溶液作浸蚀剂）中浸润或擦拭一定时间。由于金属材料中各相的化学成分和结构不同，故具有不同的电极电位，在浸蚀剂中就构成了许多微电池。电极电位低的相为阳极而被溶解，电极电位高的相为阴极而保持不变。故在浸蚀后就形成了凹凸不平的表面。在显微镜下，由于光线在各处的反射情况不同，就能观察到金属的组织特征。

浸蚀顺序：抛光好的样品表面，用水和酒精洗涤干净，用吹风机吹干试样，然后进行浸蚀。试样抛光面浸入浸蚀剂中，并不断轻微移动，抛光面呈暗灰色即可。腐蚀适度后取出试样，迅速用无水酒精冲洗，然后用吹风机吹干（表面需要严格保持清洁），即可进行显微组织观察。

腐蚀时间（最短的仅需几秒钟，长的需 10 多分钟）取决于金属的性质、浸蚀剂的浓度以及外界温度。总之，浸蚀时间以在显微镜下能清晰地揭示出组织的细节为准，若浸蚀不足，可再继续进行浸蚀，而一旦浸蚀过渡，试样则需在最后一号砂纸上进行磨光，然后再重新抛光，再进行浸蚀。

2.1.6　实验报告

（1）简述金相样品的制备及显微组织的显露过程。
（2）画出自己制备的金相样品的显微组织。

2.1.7　思考题

（1）写出在实验中所发现的问题和体会。
（2）如何更好地保护金相？

2.2　热处理工艺对碳钢显微组织和硬度的影响

热处理是一种很重要的金属加工工艺方法,也是充分发挥金属材料性能潜力的重要手段。热处理的主要目的是改变钢的组织和性能,其中包括使用性能及工艺性能。本实验是让学生了解不同热处理工艺对碳钢显微组织和硬度的影响。

2.2.1　实验目的

（1）了解碳钢的基本热处理（退火、正火、淬火及回火）的作用及工艺制定原则；
（2）分析加热温度、冷却速度、回火温度对碳钢组织和硬度的影响；

（3）熟练掌握洛氏硬度计的操作方法，研究冷却条件与硬度的关系。

2.2.2　实验原理

热处理是一种很重要的金属加工工艺方法，目的是改变钢的性能，包括使用性能及工艺性能，钢的热处理是通过加热和冷却的方法使金属内部组织结构发生变化，以获得预期工艺性能、机械性能、物理性能和化学性能的工艺方法。

热处理工艺方法分为退火、正火、淬火和回火。

1. 钢的退火和正火

退火：把钢件加热到临界温度（见表 2.2.1）Ac_1 或 Ac_3 以上，保温一段时间，然后缓慢地随炉冷却。此时奥氏体在高温区发生分解而得到比较接近平衡状态的组织。

表 2.2.1　各种碳钢的临界温度（近似值）

类　别	钢号	临界温度/℃			
		Ac_1	Ac_3 或 Ac_m	Ar_1	Ar_3
碳素结构钢	20	735	855	680	835
	30	732	813	677	835
	40	724	790	680	796
	45	724	780	682	760
	50	725	760	690	750
	60	727	766	695	721

正火：将钢件加热到临界温度 Ac_3 或 Ac_m 以上，进行完全奥氏体化，保温后进行空冷。由于冷却速度稍快与退火组织相比，组织中 P 相对量较多，且片层较细密，故性能有所改善。低碳钢正火后，提高了硬度，改善了切削加工性，同时提高了零件表面光洁度；高碳钢正火后可消除网状渗碳体，为下一步球化退火及淬火作准备。

2. 钢的淬火

将钢加热到 $Ac_3 + (30 \sim 50)$ ℃ 或 $Ac_1 + (30 \sim 50)$ ℃，保温后放入各种不同冷却介质中快速冷却，以获得马氏体（M）组织，碳钢经淬火后的组织由马氏体及其上分布的薄片状的残余奥氏体组成。

（1）淬火温度的选择。根据 Fe-Fe$_3$C 相图确定，亚共析钢淬火温度一般选择 Ac_3 温度以上 30 ~ 50 ℃，共析钢和过共析钢淬火温度选择 Ac_1 温度以上 30 ~ 50 ℃。

（2）保温时间的确定。

$$淬火加热时间 = 试样加热到淬火温度所需时间 + 淬火温度停留时间$$

加热时间与钢的成分、工件的形状尺寸、所用的加热介质、加热方法等因素有关，碳钢在箱式电炉中加热时间的确定（经验公式估算）如表 2.2.2 所示。

表 2.2.2 碳钢在箱式电炉中加热时间的确定

加热温度/°C	保温时间/min		
	圆柱形直径（每毫米）	方形厚度（每毫米）	板形厚度（每毫米）
700	0.5	2.2	3
800	1.0	1.5	2
900	0.8	1.2	1.6
1 000	0.4	0.6	0.8

（3）冷却速度的影响。

冷却是淬火的关键工序，它直接影响到钢淬火后的组织和性能。冷却速度大于临界冷却速度，保证获得马氏体组织；同时又尽量缓慢冷却，以减小内应力，防止变形和开裂。根据C 曲线图，使淬火工件在过冷奥氏体最小稳定的温度 650 ~ 550 °C 进行快冷，而在 300 ~ 100 °C 时，冷却速度则尽可能小些。

为了保证淬火效果，应选用适当的冷却介质（如水、油等）和冷却方法（如双液淬火、分级淬火等）。几种常用淬火介质的冷却能力如表 2.2.3 所示。

表 2.2.3 几种常用淬火介质的冷却能力

冷却介质	在下列范围内的冷却速度（$°C \cdot s^{-1}$）	
	650 ~ 550 °C	300 ~ 200 °C
18 °C 的水	600	270
20 °C 的水	500	270
50 °C 的水	100	270
74 °C 的水	30	200
10%NaCl 水溶液（18 °C）	1 100	300
10%NaOH 水溶液（18 °C）	1 200	300
蒸馏水	250	200
肥皂水	30	200
菜籽油（50 °C）	200	35
变压器油（50 °C）	120	25
10%Na_2CO_3 水溶液（18 °C）	800	270

3. 钢的回火

钢经淬火后得到的马氏体组织硬而脆，工件内部有很大的内应力，如果直接进行磨削加工往往会出现龟裂；一些精密的零件在使用过程中将会引起尺寸变化而丢失精度，甚至开裂。工件淬火后必须进行回火处理，表 2.2.4 为 45 号钢经淬火及不同温度回火后的组织性能。

表 2.2.4 45 号钢经淬火及不同温度回火后的组织性能

类 型	回火温度/°C	回火后组织	回火后硬度/HRC	性能特点
低温回火	150～250	回火马氏体＋残余奥氏体＋碳化物	60～57	高硬度，内应力减小
中温回火	350～500	回火屈氏体	35～45	硬度适中，有高弹性
高温回火	500～650	回火索氏体	20～30	具有良好塑性、韧性和一定强度相配合的综合性能

本实验使用 HR-150A 型洛氏硬度计，根据被测金属材料的硬度高低，按表 2.2.5 选定压头和载荷。

表 2.2.5 洛氏硬度试验规范

标尺	硬度值符号	压 头	负荷/N	测量范围	应 用
A	HRA	120°金刚石圆锥	588	20～88 HRA	测量硬脆金属或表面硬化层，如硬质合金、渗碳层、表面淬火层
B	HRB	1/16 钢球	980	20～100 HRB	测量较软金属，如有色金属、退火钢
C	HRC	120°金刚石圆锥	1 470	20～70 HRC	测量较硬金属，如淬火钢、调质钢

2.2.3　实验仪器、设备及材料

（1）SX-10M-2.5 型箱式电阻炉；
（2）HR-150A 型洛氏硬度计，如图 2.2.1 所示；
（3）M-2 型金相预磨机；
（4）45 号钢样品；
（5）淬火介质、水磨砂纸等。

2.2.4　实验内容

掌握碳钢的 4 种热处理（退火、正火、淬火及回火）工艺对碳钢金相组织的影响，通过热处理工艺后，观察 45 号钢原始态与退火态、正火态、淬火态及淬火后经高温、中温和低温回火后的金相组织，复习热处理工艺操作和"金属学与热处理"课程中热处理工艺对碳钢显微组织的影响规律。

利用洛氏硬度计确定碳钢热处理工艺与硬度的关系。

图 2.2.1　洛氏硬度计

2.2.5　实验步骤及方法

1. 热处理对金相组织的影响

（1）钢的淬火热处理。

① 淬火温度的确定：根据表 2.2.1 查出材料的临界温度，45 号钢淬火加热温度为 Ac_3 温

度以上 30~50 ℃，确定 45 号钢淬火温度为 820 ℃。

② 保温时间的确定：本实验所采用的试件形状为 ϕ45 mm 的圆柱形，根据表 2.2.2 确定保温时间为 45 min。

③ 冷却介质的选择：本实验采用水作为冷却介质。

④ 45 号钢试样放入炉中，设定电炉温控器的加热控制温度，开始加热。

⑤ 电炉达到加热温度后，开始保温计时。

⑥ 出炉，工件放入水中淬火。

（2）钢的回火热处理。

① 将 820 ℃ 淬火后的 45 号钢试样分别放入温度为 200 ℃、300 ℃、400 ℃、500 ℃ 和 600 ℃ 的炉中。

② 电炉达到温度后，开始保温 30 min。

③ 出炉后放在空气中自然冷却。

（3）钢的退火热处理。

① 将 45 号钢试样放入炉中，通过查表确定 45 号钢的退火温度为 600 ℃。

② 电炉达到温度后，开始保温 1 h。

③ 出炉后放在空气中自然冷却。

2. 热处理对硬度的影响

（1）测定表 2.2.6 给出试样的洛氏硬度值。

表 2.2.6　测试样品及实验记录表

材料	状　态	测试数据 1	测试数据 2	测试数据 3	平均
45 号钢	原始				
	退火（600 ℃）				
	淬火（820 ℃）				
	淬火后 200 ℃ 回火				
	淬火后 300 ℃ 回火				
	淬火后 400 ℃ 回火				
	淬火后 500 ℃ 回火				
	淬火后 600 ℃ 回火				

（2）测试样品处理：对试样进行水磨处理，除去表面热处理痕迹，使试样表面平整光滑、无油污、无氧化物和明显加工痕迹。

（3）根据被测金属试样的硬度高低，按表 2.2.5 洛氏硬度试验规范选定压头和载荷。

（4）试验前准备工作。

① 调整主试验力的加荷速度，根据选定压头及载荷，使手柄置于卸荷位置，将标准硬度块放在工作台上，加上初试验力及主试验力，从开始转动到停止的时间应为 4~8 s，如不符合，可转动油针进行调整，反复进行，直到合适为止。

② 试验力的选择，转动手柄使选用的试验力对准红点。

（5）实验操作。

① 将处理好的试样放置于工作台上，旋转手轮使工作台缓慢上升，并顶起压头，到小针指着红点，大指针旋转 3 圈垂直向上为止（允许相差 5 个刻度，若超过 5 个刻度，此点应作废，重新试验），注意试样厚度要大于压入深度的 10 倍。

② 旋转刻度盘外壳，使 C、B 之间长刻度线与大指针对正（顺时针、逆时针均可）。

③ 拉动加荷手柄，施加主试验力（注意加载时力的作用线必须垂直于试样表面），刻度盘上的大指针按逆时针方向转动，当指针的转动显著停顿下来后，即可将卸荷手柄推回，卸除主试验力。

④ 卸荷后，在洛氏硬度计上直接读取洛氏硬度值。采用金刚石压头试验时，按表盘外圈的黑字读取，采用钢球压头试验时，按表盘内圈的红字读取。

⑤ 转动手轮使工作台下降，再移动试样，选取新的硬度测点，按以上步骤进行新的试验。注意选取硬度点两相邻压痕及压痕离试样边缘的距离不小于 3 mm。

（6）实验记录，将测试的硬度数据填写在表 2.2.6 中。

2.2.6 实验报告

（1）制备各个状态下碳钢的金相样品并观察金相下的显微组织。
（2）分析加热温度、冷却速度对碳素钢热处理后硬度的影响。
（3）绘制 45 号钢各个热处理工艺过程曲线。
（4）绘制 45 号钢回火温度与硬度的关系曲线，分析其性能变化的原因。

2.2.7 讨论题

（1）讨论不同回火温度对碳钢热处理后的组织和性能的影响规律？
（2）为什么淬火处理后的碳钢的硬度值比退火处理后的高？
（3）硬度测量过程中需要注意哪些问题？

2.3 45 号钢金相组织中晶粒度的测量及定量金相

平均晶粒度与金属材料的性能与热处理工艺紧密关联。不同热处理工艺状态下晶粒度及其相组成不尽相同。本实验测定 45 号钢在一定热处理状态下的晶粒度大小，并通过手工测试和图像处理方法完成晶粒度测试过程。

2.3.1 实验目的

（1）熟悉并掌握金属材料的金相组织中晶粒度的测量方法；
（2）学习掌握金属材料微区组分定量金相测定方法。

2.3.2   实验原理

材料的晶粒的大小叫晶粒度。它与材料的有关性能有密切关系。因此，测量材料的晶粒度有十分重要的实际意义。

材料的晶粒度一般是以单位测试面积上的晶粒的个数来表示的。目前，世界上统一使用的是美国的 ASTM 推出的计算晶粒度的公式：

$$N_A = 2^{G-1} \qquad\qquad\qquad\qquad (2\text{-}3\text{-}1)$$

$$G = \lg N_A / \lg 2 + 1 \qquad\qquad\qquad (2\text{-}3\text{-}2)$$

式中 G——晶粒度级别；

N_A——显微镜下放大 100 倍，6.45 cm^2 的面积上晶粒的个数。

材料科学的进展已逐渐揭示了组织与性能的定量关系。定量金相方法是利用点、线、面和体积等要素来描述显微组织的定量特征的。

最常用的测量方法有：比较法、计点法、截线法、截面法和联合截取法等。

常用显微组织参数的测定主要有：晶粒大小的测量、第二相相对量的测定和第二相间距的测量。

2.3.3   实验仪器、设备及材料

（1）XJL-03 型金相显微镜；

（2）PL-A600 Series Camera Kit Release 3.2 型数码摄像系统；

（3）DT2000 图像分析系统；

（4）XJP-100 型金相显微镜，如图 2.3.1 所示；

（5）45 号钢样品；

（6）擦镜纸、洗耳球。

图 2.3.1　XJP-100 型金相显微镜

2.3.4　实验内容

45 号钢金相组织中晶粒度的测量及定量金相测定过程。

2.3.5　实验步骤及方法

采用"金相样品的制备与显微组织的显露"实验所制备的 45 号钢金相试样进行以下内容的实验：

（1）用 XJP-100 型金相显微镜测量 45 号钢样品金相组织中珠光体平均晶粒度及铁素体的面积分数。

① 用带刻度的 10×目镜与 40×物镜构成 400 倍的显微观察。

② 选择一个合适的视域，测量视域中珠光体晶粒的等效圆直径尺寸的目镜刻度值，至少选择有代表性的晶粒 40 个进行测量，将所测量的目镜刻度值转换成实际长度，计算出所测量珠光体的平均晶粒度。

③ 选择一个合适的视域，用截线法测量视域中铁素体晶粒所占的相对量。

（2）用 XJL-03 型金相显微镜、PL-A600 Series Camera Kit Release 3.2 型数码摄像系统及 DT2000 图像分析软件测量 45 号钢样品金相组织中铁素体、珠光体晶粒大小，铁素体、珠光体面积分数及晶粒间距。

① 用 XJL-03 型金相显微镜，10×目镜与 25×物镜构成 250 倍显微观察。

② 图像采集。用 PL-A600 Series Camera Kit Release 3.2 型数码摄像系统及 DT2000 图像分析软件将图像采集到程序主界面中，在主界面中将该图像直接以 JPG 的格式存到磁盘，以便分析，同时关闭采集窗口。

③ 图像定标、叠加标尺。在图像测量菜单中对图像进行"定标"，在编辑菜单中"叠加标尺"后保存图像。

④ 测量铁素体晶粒大小、相对量及晶粒间距。

图像中的浅色是铁素体晶粒，在测量中计算机习惯处理深色部分，所以在图像处理菜单中对图像进行"图像反相"，使颜色发生逆转，将铁素体晶粒变成深色；在目标处理菜单中进行"自动分割"，铁素体晶粒变成红色，对连在一起的晶粒进行"颗粒切分"，每个晶粒间出现明显界线；在编辑菜单中进行"测量设置"，测量晶粒度只选取参数"等效圆直径"即可；在图像测量菜单中进行"目标测量"，自动显示出图像中铁素体相对量，先记录数据，再将数据传送至 Excel，保存数据。

铁素体相间距的测量。在图像测量菜单中进行"直线测量"，测定 10 个点，选择时注意选择颗粒附近，不要跳跃太大，数据传送至 Excel，保存数据。

⑤ 测量珠光体的晶粒大小、相对量及晶粒间距。

图像中的深色是珠光体晶粒，在目标处理菜单中进行"自动分割"，珠光体晶粒变成红色，对连在一起的晶粒进行"颗粒切分"，每个晶粒间出现明显界线；在编辑菜单中进行"测量设置"，测量晶粒度只选取参数"等效圆直径"即可；在图像测量菜单中进行"目标测量"，自动显示出图像面积中珠光体相对量，先记录数据，再将数据传送至 Excel，保存数据。

珠光体相间距的测量。在图像测量菜单中进行"直线测量"，测定 10 个点，选择时注意选择颗粒附近，不要跳跃太大，数据传送至 Excel，保存数据。

实验记录，如表 2.3.1 所示。

表 2.3.1　实验记录表

序号	珠光体晶粒度/μm		铁素体晶粒度/μm	相间距测量		
	镜下观察	DT2000 图像分析	DT2000 图像分析	序号	铁素体	珠光体
1				1		
2				2		
3				3		
				10		
				平均		
				相对量测量（标尺单位μm）		
					铁素体	珠光体
				总视场		
				目标		
40				目标/视场		
平均						

2.3.6　实验报告

（1）在放大 400 倍的金相显微镜下观察（测量），并和 DT2000 图像分析软件测量结果进行比较。

（2）简述晶粒度大小与碳钢的成型或热处理工艺及力学性能的关系。

（3）简述定量金相方法的优缺点。

2.3.7　讨论题

（1）晶粒度的测量过程需注意哪些问题？

（2）晶粒度的控制有哪些方法？

2.4　镦粗工艺

镦粗是指在外载荷的作用下，使毛坯高度减小而面积增大的锻造工序。它是自由锻最基本的工序之一，不仅有些锻件（如饼类锻件、空心锻件）必须镦粗成形，在其他锻造工序（如拔出、冲孔等）也都包含镦粗因素。因此，研究镦粗的变形特点具有普遍意义。

2.4.1 实验目的

（1）掌握镦粗机工作原理及设备操作过程；
（2）观察毛坯镦粗过程的变形情况，用网格法研究内部变形不均匀分布性。

2.4.2 实验原理

用平砧镦粗圆柱毛坯时，坯料在下砧和锤头之间变形，随着高度减小，金属自由地不断向四周流动，由于毛坯和工具之间存在摩擦，镦粗后的坯料的侧表面将变成鼓形，同时造成毛坯内部变形分布也不均匀，通过网格实验可以看到变形前后的情况，如图 2.4.1 所示。

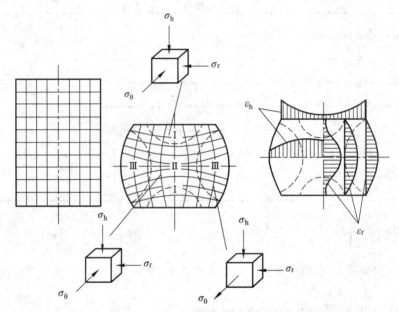

图 2.4.1　镦粗后的变形程度示意图

平砧镦粗工艺参数：

压下量 ΔH、相对变形 ε_H、对数变形 δ_H、前后的高度之比 K_H。

$$K_H = \frac{H_0}{H} \quad 或 \quad K_H = e^{\delta_H} = \frac{1}{1-\varepsilon_H} \qquad （2\text{-}4\text{-}1）$$

式中　H_0、H——镦粗前、后坯料的高度；

δ_H——坯料高度方向的对数变形，$\delta_H = \ln\dfrac{H_0}{H}$；

ε_H——坯料高度方向的相对变形，$\varepsilon_H = \dfrac{H_0 - H}{H}$。

按镦粗后的变形程度大小，变形分为 3 个区。

Ⅰ 区：三向压应力状态。由于受摩擦影响最大，该区变形十分困难，变形程度最小，称为"难变形区"。

Ⅱ 区：三向压应力状态。由于受摩擦的影响较小，应力状态也有利于变形，因此，该区变形程度最大，称为"大变形区"。

Ⅲ 区：两压一拉应力状态。变形程度介于 Ⅰ 区与 Ⅱ 区之间，称为"小变形区"。因鼓形部分存在切向拉应力，容易引起表面产生纵向裂纹。

产生变形不均匀的原因除了工具与毛坯端面之间摩擦的影响外，温度不均也是一个很重要的因素。与工具接触的上、下端面金属由于温降快，变形抗力大，故较中间处的金属变形困难。

由于以上原因，使第 Ⅰ 区金属的变形程度小和温度低，故镦粗钢锭时此区铸态组织变形不易破碎和再结晶，结果仍保留粗大的铸态组织。而中间部分（即第 Ⅱ 区域）由于变形程度大和温度高，铸态组织被破碎和再结晶，形成细小晶粒的锻态组织，而且锭料中部的原有孔隙也被焊合了。

由于第 Ⅱ 区金属变形程度大，第 Ⅲ 区变形程度小，于是第 Ⅱ 区金属向外流动时便对第 Ⅲ 区金属作用有径向压应力，并使其在切向受拉应力。越靠近坯料表面切向拉应力越大。当切向拉应力超过材料当时的强度极限或切向变形超过材料允许的变形程度时，便引起纵向裂纹。低塑性材料由于抗剪切的能力弱，常在侧表面产生 45° 方向的裂纹。

对不同高度高径比尺寸的坯料进行镦粗时，产生鼓形特征和内部变形分布均不相同，如图 2.4.2 所示。

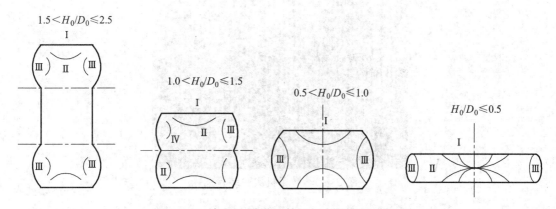

图 2.4.2　高径比对镦粗鼓形与变形分布的影响

Ⅰ—难变形区；Ⅱ—大变形区；Ⅲ—小变形区；Ⅳ—均匀变形区

短毛坯（$H_0/D_0 \leqslant 0.5$）镦粗时，按变形程度大小也可分为 3 个区，但由于相对高度较小，内部各处的变形条件相差不太大，内部变形较一般毛坯（$H_0/D_0 = 0.8 \sim 2.0$）镦粗时均匀些，鼓形度也较小。这时，与工具接触的上、下端金属也有一定程度的变形，并相对于工具表面向外滑动。而一般毛坯镦粗初期端面尺寸的增大主要是靠侧表面的金属翻上去的。

毛坯（$H_0/D_0 \leqslant 1$）镦粗时，只产生单鼓形，形成 3 个变形区。

镦粗较高的毛坯镦粗（$1.5 < H_0/D_0 \leqslant 2.5$）时，常常先要产生双鼓形，上部和下部变形大，

中部变形小。在锤上、水压机上或热模锻压力机上镦粗时均可能产生双鼓形，而在锤上镦粗时，双鼓形更容易产生。

毛坯更高（$H_0/D_0 > 3$）时，镦粗时容易失稳而弯曲，尤其当毛坯端面与轴线不垂直、毛坯有初弯曲、毛坯各处温度和性能不均、砧面不平时更容易产生弯曲。弯曲了的毛坯如不及时校正，若继续镦粗则要产生折叠。

2.4.3　实验仪器、设备及材料

（1）镦粗机，如图 2.4.3 所示；

（2）游标卡尺、钢直尺、划针、垫板等；

（3）试样：圆柱形铝试样若干。

图 2.4.3　镦粗机实验装置图

2.4.4　实验内容

了解圆柱体镦粗的变化规律及变形机理。

2.4.5　实验步骤及方法

（1）取一块铝先进行自由镦粗，确定相对变形 30%，所需要的力和时间；确定锻造参数。

（2）测量高径比不同的试样的高度和直径。

（3）在同一锻造参数下，分别将高径比不同的试样 1、2、3 进行镦粗实验。

（4）测量镦粗后试样的高度，并观察测量鼓形区的大小。

（5）整理并计算有关参数，填入表2.4.1中。

表 2.4.1　测试数据记录表

序号	高径比	镦粗前坯料的高度 H_0	镦粗后坯料的高度 H	压下量 ΔH	相对变形 ε_H	对数变形 δ_H
1	1：1					
2	1：1.5					
3	1：2					

注意事项：

（1）为防止纵向弯曲，毛坯高度与直径之比应在一定范围内，高径比要小于2.5。

（2）镦粗前毛坯端面应平整，并与轴心线垂直。镦粗前毛坯加热温度应均匀。

（3）注意每次的压缩量及终锻温度。

（4）对有皮下缺陷的锭料，镦粗前应进行倒棱制坯。

（5）镦粗时毛坯高度应与设备空间相适应。在锤上镦粗时，应使

$$H - h_0 > 0.25H \qquad (2\text{-}4\text{-}2)$$

式中　H——锤头的最大行程；

　　　h_0——毛坯的原始高度。

2.4.6　实验报告

（1）将实验数据整理并记录在表2.4.1中。

（2）分析3个变形区的划分及其所受应力状态。

2.4.7　讨论题

（1）讨论高径比不同对镦粗的影响？

（2）解释鼓变现象？

2.5　冷轧薄板工艺

轧制法是应用最广泛的一种压力加工方法，轧制过程是靠旋转的轧辊及轧件之间形成的摩擦力将轧件拖进轧辊缝之间并使之产生压缩，发生塑性变形过程，按金属塑性变形体积不变原理，通过轧制使金属具有一定的尺寸、形状和性能。

2.5.1　实验目的

（1）掌握板带轧机工作原理及设备操作过程；

（2）学会轧制变形量的计算方法及安排道次变形量；

（3）用实验方法验证咬入时和稳定轧制时的基本理论。

2.5.2　实验原理

在生产实践中遇到不同的轧辊组合方式，但实际上金属承受压下而产生塑性变形是在一对工作轧辊中进行的。除了一些特殊辊系结构（如行星轧机，Y 型轧机）外，均在一对轧辊间轧制的简单情况。一般都以二辊作为研究轧制过程的开端。图 2.5.1 表示简单轧制过程图示。所谓简单轧制过程，即上下轧辊直径相同、转速相等，轧辊无切槽，均为传动辊，无外加张力或推力，轧辊为刚性。

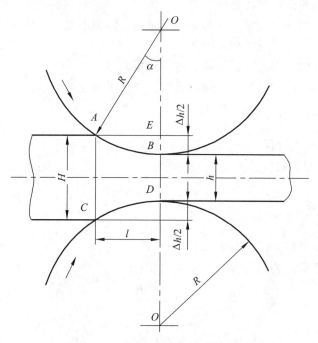

图 2.5.1　简单理想轧制过程图示

轧件承受轧辊作用发生变形的部分称为轧制变形区，其他主要参数有：轧辊直径 D、半径 R、辊身长度 B，假定轧件在轧制前后的厚度、宽度和长度分别为 h_1、b_1、l_1 和 h_2、b_2、l_2，上、下轧辊皆为主动辊，其转速均为 n（r/min），因此，轧辊表面的线速度 $v_r = \pi D n / 60 \times 1\,000$。咬入角 α，接触弧长 L，正常轧制时 L 与 α 的关系如下：

$$\alpha = \text{arc cos}\,[1 - (h_1 - h_2)/D]$$

$$L = 2\pi/180 \times R$$

实践中，常以接触弧长对应的弧长近似作为接触弧弧长，于是有

$$L = R(h_1 - h_2)$$

因为轧制前、后轧件的质量没有变化，于是有

$$h_1 \times b_1 \times l_1 \times r_1 = h_2 \times b_2 \times l_2 \times r_2$$

由于 $r_1 = r_2$，又有

$$h_1 \times b_1 \times l_1 = h_2 \times b_2 \times l_2$$

轧制前、后轧件厚度的减少成为绝对压下量，用 Δh 表示，$\Delta h = h_1 - h_2$；绝对压下量与原厚度之比成为相对压下量，用 ε 表示，$\varepsilon = \Delta h / h_1 \times 100\%$；轧制时轧件的长度明显增加，轧后长度与轧前长度的比值称为延伸系数，用 λ 表示，$\lambda = l_1 / l_2$。由于轧带时轧件宽度变化不大，一般忽略不计（$\Delta b = b_2 - b_1$）。ε、Δh 和 λ 是考核变形大小的常用指标。

轧制过程中能否开始的第一个关键问题是轧件的咬入。咬入时的最大咬入角是用稳定轧制时的接触角 α 来计算，咬入条件为 $\beta \geqslant \alpha$。当轧辊进入稳定状态时，轧辊对轧件径向压力合力作用点移动到 1/2 处，则这时的咬入条件，可按上述同样方法导出为 $\beta \geqslant \alpha/2$。

利用上述基本原理可以用实验方法测定咬入角，咬入角与摩擦角之间的关系，以及摩擦系数。同时，变形区的接触面微观上是凹凸不平的，在压力作用过程中会形成很大的摩擦阻力。因此，在变形区内形成和保持一定厚度的润滑膜是降低摩擦系数和摩擦力、保证轧制顺利进行所必须的。

2.5.3 实验仪器、设备及材料

（1）板带轧机，板带轧机实验装置如图 2.5.2 所示；

图 2.5.2 板带轧机实验装置

（2）游标卡尺、锉刀、白布、刷子、推料木板、机油或汽油；

（3）铝合金矩形试样。

2.5.4　实验内容

为了建立轧制过程的基本概念，研究轧制过程中所发生的基本现象和建立轧制过程的条件。

2.5.5　实验步骤及方法

（1）精确测量试样尺寸，即矩形试样的长、宽、高，测三点取其平均值。

（2）把轧辊压靠，并把轧件送到轧辊前，然后逐渐提升上辊，这样高度 h 增加、咬入角 α 减少，最后达到轧件开始振动，直至轧件咬入为止。

（3）具体内容：

① 在干燥辊面状态下，不加外力使轧件咬入。

② 在辊面涂油状态下，不加外力使轧件咬入。

观察不同情况下，轧件的轧制现象有何不同，并作记录。

（4）测量轧制后轧件几何尺寸（长、宽、高），并记录在表 2.5.1 中。

表 2.5.1　测试数据记录表

编号	试验条件	原始高度 H/mm	轧制后高度 h/mm	高度差 Δh/mm
1	干辊不加外力			
2	辊面涂油不加外力			

注意事项：

在涂油或涂粉时，应将油或粉均匀地涂在辊面上，实验完成后将辊面用汽油和棉纱轻擦干净。

2.5.6　实验报告

（1）将实验数据整理并记录在表中。

（2）由实验结果讨论外加力对咬入的影响。

2.5.7　讨论题

（1）外力对咬入过程有无影响，为什么？

（2）润滑剂对咬入角大小有无影响，为什么？

（3）讨论实际生产过程中如何改善咬入的措施？

2.6　铝的冷拉冷冲工艺

冲裁是使坯料按封闭轮廓分离的工序。冲裁既可以加工出成品零件，也可以为其他成形工序制备毛坯。拉深过程是一个复杂的塑性变形过程，其变形区比较大，金属流动大，拉深过程中容易发生凸缘变形区的起皱和传力区的拉裂而使工件报废。因此，有必要分析拉深时的应力、应变状态，从而找出产生起皱、拉裂的根本原因，在设计模具和制订冲压工艺时应引起注意，以提高拉深件的质量。

2.6.1　实验目的

（1）建立板料冲裁拉深等成形工艺的感性认识，深入对板料冲裁与拉深成形规律与机理的理解；

（2）掌握冲裁与拉深工艺参数、毛坯展开、冲裁力和拉伸力等计算方法；

（3）学习并掌握板料冲裁与拉深工艺实验的操作方法。

2.6.2　实验原理

1. 拉深毛坯的冲裁

冲裁过程中，材料的变形是由其受力状况所决定的。以上、下刃尖连线为中心的纺锤形区域是主要变形区，如图 2.6.1（a）所示，从模具刃尖向材料中心变形区逐步扩大，当凸模挤入材料后，新形成的纺锤形变形区被以前已经变形而加工硬化了的区域所包围，如图 2.6.1（b）所示。

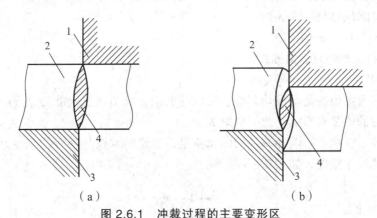

图 2.6.1　冲裁过程的主要变形区

1—冲头；2—材料；3—凹模；4—纺锤形区域

图 2.6.2 是无压紧装置冲裁时板料的受力图。凸模下行与板面接触时，材料受到凸模、凹模端面的压力 F_p 和 F_d 的作用，使作用力点间的材料产生剪切变形。由于凸模、凹模间有间隙存在，F_p 和 F_d 不在同一垂直线上，故材料受到弯矩 M，而使材料翘曲。材料向凸模侧面靠近，凸模端面下的材料被强迫压进凹模，故材料受模具的横向侧压力 F_1、F_2 的作用，产生横向挤压变形。此外，材料在模具端面和侧面还受到摩擦力 μF_1、μF_2 作用。需要指出，由于材料翘曲，凸、凹模与材料仅在刃口附近的狭小区域内接触。F_p 和 F_d 在接触面上呈不均匀分布，随着向刃尖靠近而急剧增大。侧压力 F_1、F_2 也呈不均匀分布。摩擦力 μF_p 和 μF_d 的方向与间隙大小有关，间隙很小时，与模具接触的材料均向远离刃尖的方向移动，此时摩擦力的方向均指向刃尖。当间隙很大或刃口被磨钝时，材料被拉入凹模，摩擦力的方向均背向刃尖。通常将 μF_p 和 μF_d 的方向看作指向刃尖比较恰当。摩擦力 μF_p 和 μF_d 也指向刃尖。

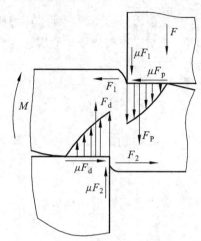

图 2.6.2　无压紧装置冲裁时板料的受力图

冲裁在理论上可以近似地认为是剪切断裂，所以最大冲裁力可以按板料的抗剪强度来计算。平刃冲模的冲裁力可按下式计算：

$$F = KLt\tau \tag{2-6-1}$$

式中　　F——冲裁力，N；

　　　　L——零件剪切周长，mm；

　　　　t——材料厚度，mm；

　　　　τ——材料抗剪强度，MPa；

　　　　K——系数。

考虑到模具间隙值的波动及均匀性、刃口的磨损、材料机械性能及厚度的波动润滑情况等因素对冲裁力的值都有影响，故一般取 $K = 1.3$。

凸凹模间隙不仅严重影响冲裁件的断面质量，也影响着模具寿命、卸料力、推件力、冲裁力和冲裁件的尺寸精度，如图 2.6.3 所示。

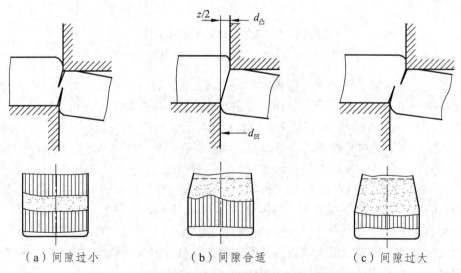

（a）间隙过小　　　　　（b）间隙合适　　　　　（c）间隙过大

图 2.6.3　凸凹模间隙大小对冲裁件断面质量的影响

当间隙过大时，上、下裂纹向内错开，冲裁件被撕开，边缘粗糙，致使断面光亮带减小。当间隙过小时，上、下裂纹向外错开，也不能很好重合。随着冲裁的进行，两裂纹之间的材料将被第二次剪切，在断面上形成第二光亮带。因间隙太小，凸凹模受到金属的挤压。冲模在工作过程中必然有磨损，落料件尺寸会随凹模刃口的磨损而增大，而冲孔件尺寸则随凸模的磨损而减小。为了保证零件的尺寸要求，并提高模具的使用寿命，落料时凹模刃口的尺寸应靠近落料件公差范围内的最小尺寸；冲孔时凸模刃口尺寸应取靠近孔的公差范围内的最大尺寸。

2. 拉深件的成形

图 2.6.4 为圆筒形件的拉深过程。直径为 D、厚度为 t 的圆形毛坯经过拉深模拉深，得到具有外径为 d、高度为 h 的开口圆筒形工件。

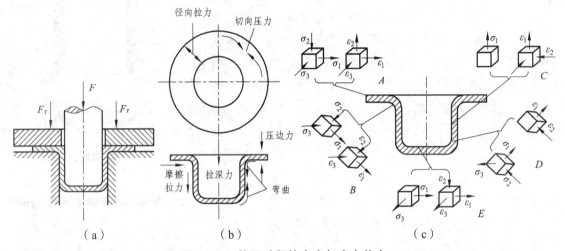

图 2.6.4　拉深过程的应力与应变状态

（1）在拉深过程中，坯料的中心部分成为筒形件的底部，基本不变形，是不变形区，坯料的凸缘部分（即 $D-d$ 的环形部分）是主要变形区。拉深过程实质上就是将坯料的凸缘部分材料逐渐转移到筒壁的过程。

（2）在转移过程中，凸缘部分材料由于拉深力的作用，径向产生拉应力 σ_1，切向产生压应力 σ_3。在 σ_1 和 σ_3 的共同作用下，凸缘部分金属材料产生塑性变形，其"多余的三角形"材料沿径向伸长，切向压缩，且不断被拉入凹模变为筒壁，成为圆筒形开口空心件。

（3）圆筒形件拉深的变形程度，通常以筒形件直径 d 与坯料直径 D 的比值来表示，即 $m = d/D$，其中 m 称为拉深系数，m 越小，拉深变形程度越大；相反，m 越大，拉深变形程度就越小。

图 2.6.5 为圆筒形拉深件，可分解为无底圆筒 A_1、1/4 凹圆环 A_2 和圆形板 A_3 三部分，每一部分的表面积分别为

$$A_1 = \pi d(H - r)$$

$$A_2 = \pi [2\pi r(d - 2r) + 8r^2]/4$$

$$A_3 = \pi(d - 2r)^2/4$$

设坯料直径为 D，则按坯料表面积与拉深件表面积相等原则有

$$\pi D^2/4 = A_1 + A_2 + A_3 \qquad （2\text{-}6\text{-}2）$$

分别将 A_1、A_2、A_3 代入式（2-6-2）并简化后得

$$D = \sqrt{d^2 + 4dH - 1.72dr - 0.56r^2} \qquad （2\text{-}6\text{-}3）$$

式中　D——坯料直径；

　　　d、H、r——拉深件的直径、高度、圆角半径。

计算时，拉深件尺寸均按厚度中线尺寸计算，但当板料厚度小于 1 mm 时，也可以按零件图标注的外形或内形尺寸计算。

由于影响拉深力的因素比较复杂，按实际受力和变形情况来准确计算拉深力是比较困难的，所以实际生产中通常是以危险断面的拉应力不超过其材料抗拉强度为依据，采用经验公式进行计算。对于圆筒形件，首次拉深

$$F = K_1 \pi d_1 t \sigma_b \qquad （2\text{-}6\text{-}4）$$

式中　F——拉深力；

　　　t——板料厚度，mm；

　　　d_1——圆筒形零件的凸模直径，mm；

　　　σ_b——拉深件材料的抗拉强度，MPa；

　　　K_1——修正系数，与拉深系数有关。

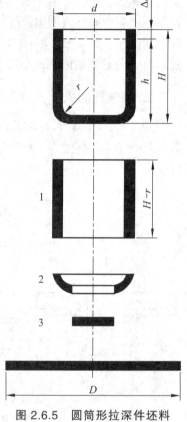

图 2.6.5　圆筒形拉深件坯料
尺寸计算图

2.6.3　实验仪器、设备及材料

（1）冷冲冷拉机，如图 2.6.6 所示；

图 2.6.6　冷冲冷拉机

（2）数码相机等；

（3）直尺、游标卡尺、砂纸等；

（4）铝板。

2.6.4　实验内容

（1）完成圆筒件毛坯冲裁工艺实验，并计算冲裁力。

（2）完成薄壁圆筒件毛坯展开及冲压工艺参数计算。

2.6.5　实验步骤及方法

（1）实验前完成以下准备工作，并测量铝板厚度、宽度等。

① 目标零件设计。按目标零件要求设计出自己的实验零件，绘制零件草图。

② 坯料设计计算。计算所需坯料直径尺寸。

③ 冲裁力、拉深力的计算。

（2）根据毛坯展开直径 D，测算冲裁的铝板长度，并确定合理的实验间隙，完成冲裁工序。

（3）测量冲裁件尺寸，并观察断面的粗糙度、毛刺高度等情况。

（4）对冲裁件的断面进行砂纸打磨，去掉毛刺等。

（5）对冲裁件进行拉深实验，尽可能一次拉伸成形，且拉伸高度尽可能大。

（6）观察拉深件成形过程，即所得圆筒件的质量。

（7）对圆筒件进行测量，同时与目标零件尺寸进行对比，用数码相机进行拍照，并描述现象。

2.6.6　实验报告

（1）根据实验方法和步骤整理圆筒件冲裁与拉深成形工艺的实验内容和结果（可采用插图和文字相结合的方式表达）。

（2）观察并用数码相机拍摄冲裁件和拉深工件的形貌，并对其质量作出描述。

（3）请写出本次实验中印象较深的内容及收获。

2.6.7　讨论题

（1）讨论冲裁模间隙对冲裁件质量的影响。

（2）对产生光亮面和断裂面的现象进行分析，并讨论毛刺形成的原因。

（3）讨论影响拉深工件质量的各种因素。

2.7 碳钢和铸铁的手工电弧焊工艺

手工电弧焊属于焊接方法中熔化焊的一种，是将两个分离的金属，在接头处局部加热或加压，或者加热时同时加压、熔化、冷却后凝固成一个牢固的整体。它是利用电弧热局部熔化焊件和焊条以形成焊缝的一种手工操作焊接方法。

2.7.1 实验目的

（1）掌握焊接工艺及方法；
（2）了解碳钢、铸铁的焊接性能。

2.7.2 实验原理

焊接是一种连接金属或热塑性塑料的制造或雕塑过程。焊接过程中，工件和焊料熔化形成熔融区域，熔池冷却凝固后便形成材料之间的连接。这一过程中，通常还需要施加压力。焊接的能量来源有很多种，包括气体焰、电弧、激光、电子束、摩擦和超声波等。

金属的焊接，按其工艺过程的特点分为熔焊，压焊和钎焊三大类。

熔焊是在焊接过程中将工件接口加热至熔化状态，不加压力完成焊接的方法。熔焊时，热源将待焊的两工件接口处迅速加热熔化，形成熔池。熔池随热源向前移动，冷却后形成连续焊缝而将两工件连接成为一体。

压焊是在加压条件下，使两工件在固态下实现原子间结合。压焊又称固态焊接，常用的压焊工艺是电阻对焊，当电流通过两工件的连接端时，该处因电阻很大而温度上升，当加热至塑性状态时，在轴向压力作用下连接成为一体。

钎焊是使用比工件熔点低的金属材料作钎料，将工件和钎料加热到高于钎料熔点、低于工件熔点的温度，利用液态钎料润湿工件，填充接口间隙并与工件实现原子间的相互扩散，从而实现焊接的方法。

2.7.3 实验仪器、设备及材料

（1）电焊机；
（2）碳钢，铸铁；
（3）焊条，切割机。

2.7.4 实验内容

分组采用电焊机进行碳钢与碳钢、碳钢与铸铁、铸铁与铸铁 3 种焊接接口方式的焊接实验。

2.7.5 实验步骤及方法

（1）了解焊机机械结构、电源及控制系统，熟悉和掌握接线方法。

（2）起弧、焊接、收弧。

① 引弧。引弧时，首先将焊条与工件接触造成短路，然后提起 2～4 mm，使焊条与工件之间形成电弧。

② 运条。电弧引燃后，焊条末端要有 3 个基本动作，即沿焊条中心线均匀地向下送进，以维持电弧长度；沿焊接方向移动，以形成焊缝；作横向摆动，以获得较宽的焊缝。

2.7.6 实验报告

（1）记录实验参数，简述焊接工艺过程。

（2）观察焊缝组织，是否存在缺陷，并对其描述。

2.7.7 思考题

（1）结合实验过程，讨论焊条药皮在焊接过程中起哪些作用？

（2）手工电弧焊设备是否允许若干焊接部位同时工作？

（3）简述手工电弧焊常见缺陷的种类及其原因。

2.8 碳钢的氩弧焊、二氧化碳气体保护焊和自动埋弧焊演示

氩弧焊、二氧化碳气体保护焊和自动埋弧焊技术是在普通电弧焊原理的基础上发展起来的。其中，氩弧焊是利用氩气对金属焊材保护，通过高电流使焊材在被焊基材上熔化成液态形成熔池，使被焊金属和焊材达到冶金结合的一种焊接技术。二氧化碳气体保护焊是以焊丝和焊件作为两个电极产生电弧，用电弧的热量来熔化金属，以 CO_2 气体作为保护气体，保护电弧和熔池，从而获得良好的焊接接头。自动埋弧焊机是采用熔剂层下自动焊接的设备，配用交流焊机作为电弧电源，它适用于水平位置或与水平位置倾斜不大于 10° 的各种有、无坡口的对接焊缝、搭接焊缝和角焊缝。

2.8.1 实验目的

（1）了解氩弧焊、二氧化碳气体保护焊和自动埋弧焊技术的特点；

（2）熟悉氩弧焊的适用范围及分类，初步掌握氩弧焊焊接技术；

（3）了解熔化极自动二氧化碳气体保护焊焊机的各控制按钮、旋钮、开关的作用及使用方法；

（4）初步掌握焊机的使用方法及注意事项，掌握焊接规范对熔滴过渡、飞溅、电弧稳定性、焊缝成型的影响；

（5）了解埋弧焊的基本原理、操作过程，焊接参数的设定，观察电弧电压及电弧电流对焊缝熔深及熔宽的影响。

2.8.2　实验原理

1. 氩弧焊的原理

氩弧焊是以氩气作为保护气的一种气体保护电弧焊方法。

（1）氩弧焊的过程。

氩弧焊的焊接过程如图 2.8.1 所示。从焊枪喷嘴中喷出的氩气流，在焊接区形成厚而密的气体保护层而隔绝空气，同时，在电极（钨极或焊丝）与焊件之间燃烧产生的电弧热量使被焊处熔化，并填充焊丝将被焊金属连接在一起，获得牢固的焊接接头。

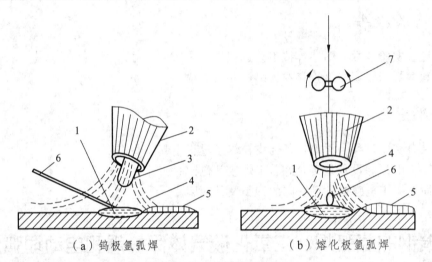

（a）钨极氩弧焊　　　　　　　　　　（b）熔化极氩弧焊

图 2.8.1　氩弧焊示意图

1—熔池；2—喷嘴；3—钨极；4—气体；5—焊缝；6—焊丝；7—送丝滚轮

（2）氩弧焊的特点。

① 焊缝质量较高。

由于氩气是惰性气体，可在空气与焊件间形成稳定的隔绝层，保证高温下被焊金属中合金元素不会氧化烧损，同时氩气不溶解于液态金属，故能有效地保护熔池金属，获得较高的焊接质量。

② 焊接变形与应力小。

由于氩弧焊热量集中，电弧受氩气流的冷却和压缩作用，使热影响区窄，焊接变形和应力小，特别适宜于薄板的焊接。

③ 可焊的范围广。

几乎所有的金属材料都可进行氩弧焊。通常，多用于焊接不锈钢、铝、铜等有色金属及其合金，有时还用于焊接构件的打底焊。

④ 操作技术易于掌握。

采用氩气保护无熔渣，且为明弧焊接，电弧、熔池可见性好，适合各种位置的焊接，容易实现机械化和自动化。

（3）氩弧焊的分类和适用范围。

氩弧焊根据所用的电极材料，可分为钨极（不熔化极）氩弧焊（用 TIG 表示）和熔化极氩弧焊（用 MIT 表示）；按其操作方式可分为手工氩弧焊、半自动氩弧焊和自动氩弧焊；若在氩弧焊电源中加入脉冲装置又可分为钨极脉冲氩弧焊和熔化极脉冲氩弧焊。分类如图 2.8.2 所示。

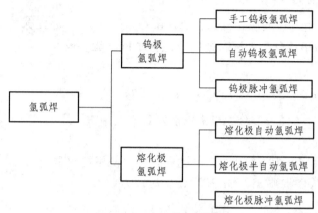

图 2.8.2　氩弧焊的分类

表 2.8.1 为氩弧焊的适用范围。

表 2.8.1　氩弧焊的适用范围

被焊材料	焊件厚度/mm	焊接方法	电源种类和极性
钛及钛合金	0.5～0.0	钨极氩弧焊	直流正接
	>2.0	熔化极氩弧焊	直流反接
镁及镁合金	0.5～5.0	钨极氩弧焊	交流或直流反接
	>2.0	熔化极氩弧焊	直流反接
铝及铝合金	0.5～4.0	钨极氩弧焊	交流或直流反接
	>3.0	熔化极氩弧焊	直流反接
铜及铜合金	>0.5	钨极氩弧焊	直流正接
	>3.0	熔化极氩弧焊	直流反接
不锈钢、耐热钢	0.5～3.0	钨极氩弧焊	直流正接或交流
	>2.0	熔化极氩弧焊	直流反接

2. CO_2 气体保护焊原理

CO_2 气体保护焊是利用 CO_2 气体作为保护气体的一种电弧焊。CO_2 气体本身是一种活性气体，它的保护作用主要是使焊接区与空气隔离，防止空气中的氮气对熔池金属的有害作用，因为一旦焊缝金属被氮化和氧化，设法脱氧是很容易实现的，而要脱氮就很困难。在 CO_2 保护下能很好地排除氮气。在电弧的高温作用下（5 000 K 以上），CO_2 气体全部分解成 $CO + O$，可使保护气体增加一倍。同时由于分解吸热的作用，使电弧因受到冷却的作用而产生收缩，弧柱面积缩小，所以保护效果非常好。

在进行焊接时，电弧空间同时存在 CO_2、CO、O_2 和 O 原子等几种气体，其中 CO 不与液态金属发生任何反应，而 CO_2、O_2、O 原子却能与液态金属发生如下反应：

$$Fe + CO_2 \longrightarrow FeO + CO \text{（进入大气中）}$$

$$Fe + O \longrightarrow FeO \text{（进入熔渣中）}$$

$$C + O \longrightarrow CO \text{（进入大气中）}$$

CO 气孔问题：由上述反应式可知，CO_2 和 O_2 对 Fe 和 C 都具有氧化作用，生成的 FeO 一部分进入渣中，另一部分进入液态金属中，这时 FeO 能够被液态金属中的 C 所还原，反应式为

$$FeO + C \longrightarrow Fe + CO$$

这时所生成的 CO 一部分通过沸腾散发到大气中去，另一部分则来不及逸出，滞留在焊缝中形成气孔。

针对上述冶金反应，为了解决 CO 气孔问题，需使用焊丝中加入含 Si 和 Mn 的低碳钢焊丝，这时熔池中的 FeO 将被 Si、Mn 还原，反应式为

$$2FeO + Si \longrightarrow 2Fe + SiO_2 \text{（进入熔渣中）}$$

$$FeO + Mn \longrightarrow Fe + MnO \text{（进入熔渣中）}$$

反应物 SiO_2、MnO 将生成 FeO 和 Mn 的硅酸盐浮出熔渣表面。另一方面，液态金属含 C 量较高，易产生 CO 气孔，所以应降低焊丝中的含 C 量，通常不超过 0.1%。

氢气孔问题：焊接时，工件表面及焊丝含有油和铁锈，或 CO 气体中含有较多的水分，但是在 CO_2 保护焊时，由于 CO_2 具有较强的氧化性，在焊缝中不易产生氢气孔。

3. 自动埋弧焊原理

（1）埋弧焊定义：埋弧焊是以金属焊丝与焊件（母材）间所形成的电弧为热源，并以覆盖在电弧周围的颗粒状焊剂及其熔渣作为保护的一种电弧焊方法。埋弧焊是机械化焊接方法，与焊条电弧焊相比，虽然灵活性差一些，但焊接质量好、效率高、成本低，是工业生产中常见的焊接方法之一。

（2）埋弧焊的焊接过程：颗粒状焊剂由给送焊剂导管流出后，均匀地堆敷在装配好的工件上，送丝机构驱动焊丝连续送进，使焊丝端部插入覆盖在焊接区或焊接头的焊剂中，在焊丝与焊件之间引燃电弧。电弧热使焊件、焊丝和焊剂熔化，以致部分蒸发，金属和焊剂的蒸发气体形成了一个气泡，电弧就在这个气泡内燃烧。同时，熔化的焊剂浮到焊缝表面上形成一层保护熔渣。熔渣层不仅能很好地将空气与电弧和熔池隔离，还能屏蔽有害的弧光辐射。随着电弧的远移，熔池结晶为焊缝，熔渣凝固为渣壳，未熔化的焊剂可回收再用。

（3）埋弧焊的特点。

优点：焊缝质量好、生产效率高、节省焊接材料和电能、改善劳动条件。

缺点：施焊位置受限制、不适合焊接易氧化的金属材料、不适于焊接薄板和短焊缝。

（4）埋弧焊对外电源的要求：埋弧焊可使用交流电流，也可使用直流电流，而且为大电流，一般在 600～2 000 A，且需用具有下降外特性的电源。

（5）埋弧焊的应用：埋弧焊以其焊缝质量高、熔敷速度快、熔深大以及机械化程度高等特点，特别适用于中厚板大型构件及管道的纵、环缝焊接，且为相对熔池水平的焊接。

2.8.3　实验仪器、设备及材料

（1）氩弧焊焊机 1 台、熔化极自动 CO_2 气体保护焊焊机 1 台、特性弧焊整流器 1 台、自动埋弧焊装置 1 台；

（2）钢板试件若干；

（3）氩气气体；CO_2 气体；

（4）焊丝若干；焊剂 HJ431；

（5）工具 1 套；腐蚀剂、药棉若干、镊子；

（6）砂纸、铁刷等。

2.8.4　实验内容

掌握手工钨极氩弧焊的焊接方法；了解熔化极自动 CO_2 气体保护焊焊机的结构特点；熟练安装焊丝并正确调整埋弧焊焊接规范，操作焊接小车进行埋弧焊，观察电弧电压及电弧电流对焊缝成型的影响。

2.8.5　实验步骤及方法

1. 氩弧焊操作步骤

（1）引弧。

手工钨极氩弧焊通常采用引弧器进行引弧。这种引弧的优点是钨极与焊件保持一定距离而不接触，就能在施焊点上直接引燃电弧，可使钨极端头保护完整，钨极损耗小，以及引弧处不会产生夹钨缺陷。

没有引弧器时，可用紫铜板或石墨板作引弧板。将引弧板放在焊件接口旁边或接口上面，在其上引弧，使钨极端头加热到一定温度后（约 1 s），立即移到待焊处引弧。这种引弧适宜普通功能的氩弧焊机。但是在钨极上与紫铜板（或石墨板）接触引弧时，会产生很大的短路电流，很容易烧损钨极端头。

（2）收弧。

收弧方法不正确，容易产生弧坑裂纹、气孔和烧穿等缺陷。因此，应采取衰减电流的方法，即电流自动由大到小逐渐下降，以填满弧坑。

一般氩弧焊焊机都配有电流自动衰减装置，收弧时，通过焊枪手把上的按钮断续送电来填满弧坑。若无电流衰减装置时，可采用手工操作收弧，其要领是逐渐减少焊件热量，如改变焊枪角度、稍拉长电弧、断续送电等。收弧时，填满弧坑后慢慢提起电弧直至灭弧，不要突然拉断电弧。

当熄弧后，氩气会自动延时几秒钟停气（因焊机具有提前送气和滞后停气的控制装置），以防止金属在高温下产生氧化。

（3）在铝板上平敷焊。

① 焊件与焊丝清理。铝合金材料的表面氧化铝薄膜必须清除干净，尤其是焊件接口处。清理方法有两种。

化学清理法：首先用汽油或丙酮去除油污，然后将焊件和焊丝放在碱性溶液中浸蚀，取出后用热水冲洗，再将焊件和焊丝放在 30%～50% 的硝酸溶液中进行中和，最后用热水冲洗干净并烘干。

机械清洗法：在去除油污后，用钢丝刷或砂布将焊接处和焊丝表面清理至露出金属光泽，也可用刮刀清除焊件表面的氧化膜。

② 选择焊接工艺参数。选用钨极直径 2 mm，焊丝直径 2 mm，焊接电流 70～100 A，氩气流量 6～7 L/min。

③ 操作方法。电弧引燃后，要保持喷嘴到焊接处一定距离并稍作停留，使母材上形成熔池后，再给送焊丝，焊接方向采用左焊法。焊枪与焊件表面成 80°左右的夹角，填充焊丝与焊件表面 10°～15°为宜，如图 2.8.3 所示。

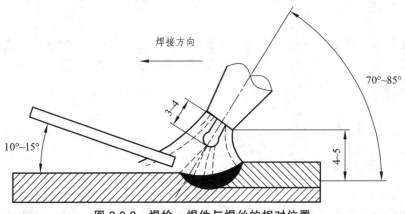

焊接方向

70°～85°

10°～15°

3～4

4～5

图 2.8.3　焊枪、焊件与焊丝的相对位置

焊接过程中，焊丝的送进方法有两种：一种是左手捏住焊丝的远端，靠左臂移动送进，但送丝时易抖动，不推荐使用；另一种方法是以左手的拇指、食指捏住，并用中指和虎口配合托住焊丝下部（便于操作的部位）。需要送丝时，将弯曲捏住焊丝的拇指和食指伸直，即可将焊丝稳稳地送入焊接区，然后借助中指和虎口托住焊丝，迅速弯曲拇指、食指，向上倒换捏住焊丝，如此重复，直到焊完。填充焊丝时，焊丝的端头切勿与钨极接触，否则焊丝会被钨极沾染，熔入熔池后形成夹钨。焊丝送入熔池的落点应在熔池的前缘上，被熔化后，将焊丝移出熔池，然后再将焊丝重复地送入熔池。但是填充焊丝不能离开氩气保护区，以免灼热的焊丝端头被氧化，降低焊缝质量。若中途停顿或焊丝用完再继续焊接时，要用电弧把起焊处的熔池金属重新熔化，形成新的熔池后再加焊丝，并与原焊道重叠 5 mm 左右。在重叠处要少添加焊丝，以避免接头过高。

在铝合金板的长度方向焊接平敷焊道，焊道与焊道间距为 20～30 mm。每块焊件焊后要检查焊接质量。焊缝表面要呈清晰和均匀的鱼鳞波纹。

2. CO$_2$ 气体保护焊操作过程

（1）熟悉焊机各控制按钮、旋钮、开关的作用及使用方法；初步掌握焊机的使用方法及其注意事项。

（2）选择焊接规范，分别在钢板上试焊，得到合适的焊接规范。

（3）依据合适的焊接规范焊接对接试样。必须评价焊接规范对熔滴过渡、飞溅、电弧稳定性、焊缝尺寸和成型的影响。

（4）横向切割试件，用砂轮打磨焊缝断面，腐蚀焊缝断面，测量焊缝的熔深、焊缝宽度、余高，用以比较不同焊接规范对焊缝成型的影响，通过分析焊缝尺寸的优缺点来改善焊接工艺。

（5）整理并检查实验记录。

（6）切断一切电源、水源，清理实验场地。

注意事项：

（1）对焊机的操作规程进行详细了解，对焊机接线进行详细检查，并经教师批准后方可合闸进行实验。

（2）整机通电后，应检查焊机的运转情况，认为一切正常后才能开始实验。

（3）严防焊机输出端短路。

（4）接线要注意选好公共端。

（5）规范参数及数据的记录要及时、准确；现象观察要仔细，记录要详尽。

3. 埋弧焊焊接操作

（1）清除工作台上的残留溶剂及残渣。

（2）贴着工作台放置钢板焊件。

（3）确定电压值及焊接速度。

（4）确定焊丝伸出长度，一般为焊丝直径的 10～15 倍。

（5）调节埋弧焊的导电嘴与工件距离，其距离在接触与非接触之间。

（6）用铲子将焊剂均匀地堆敷在焊件上。

（7）将控制板上的按钮调节到焊接处，焊接开始，此时调节所需电压与电流。

（8）当焊接即将结束时，按关闭按钮，并将焊接按钮调到自动按钮，待离开焊件以后再调至空挡。

（9）用刷子扫去焊件表面的焊剂，用改锥使其脱离工作台，用钳子将其取下放在地上。

（10）敲除焊接处的表面熔渣，然后测量焊缝尺寸，进行缺陷分析。

注意事项：

（1）选择成型较好的焊件并将焊接数据记录。

（2）检查是否有气孔、夹渣、咬边等。

（3）记录所选焊件的堆高、熔宽。

（4）实验数据分析。

当其他参数不变时，随着电弧电流的增加，熔深显著增加，熔宽稍有增大。同时，堆高相应减小，向下塌。

当其他参数不变时，随着电弧电压的增加，熔宽明显增加。

当其他参数不变时，焊接速度增加时，焊缝的熔深减小。

对于埋弧焊接，一般不会出现如气孔、夹渣、咬边等缺陷。

2.8.6 实验报告

（1）描述氩弧焊、CO_2 气体保护焊与埋弧焊接工艺制订的要点。

（2）分析氩弧焊、CO_2 气体保护焊与埋弧焊接时，规范参数对焊缝成型的影响。

（3）写出实验后的心得体会与建议。

2.8.7 讨论题

（1）与一般焊接方法相比，氩弧焊的优点是什么？

（2）氩弧焊焊接过程中，容易出现什么样的焊缝缺陷？

（3）CO_2 气体保护焊在焊接过程中，可采用哪些措施脱氧？

（4）讨论 CO_2 气体保护焊的飞溅问题、飞溅产生的原因及其防治措施。

（5）讨论埋弧焊电弧电压及电弧电流等参数对焊接的影响。

（6）检查焊缝是否有气孔、夹渣等，对可能存在的焊接缺陷进行分析讨论。

2.9 碳钢和铸铁的焊口显微组织观察

2.9.1 实验目的

（1）了解焊接工艺特点，常用的焊接方法的工艺过程及用途；

（2）了解焊接工序之后进行焊口组织检验的方法；

（3）学会在金相显微镜下观察焊口的显微组织。

2.9.2 实验原理

焊接是一种永久性连接金属材料的工艺方法。焊接过程的实质是利用加热或加压等手段，借助金属原子的结合与扩散作用，使分离的金属材料牢固连接起来。

焊接成型也是一种非常重要的机械加工和成型工艺方法。有许多产品和零部件都有焊接工艺环节，对这类产品来讲，焊接质量就决定了产品的性能和寿命。所以，在焊接工序之后进行组织检验是非常重要的一个环节。

钢材焊接后，焊口区域的组织有焊缝金属、热影响区和母材区组成，焊缝金属是经过熔化金属部分组成，热影响区是母材区和焊缝金属间发生急热急冷而有组织变化的部分。

焊口的组织取决于焊接时达到的最高温度和随后的冷却速度。由于从熔化区到母材区的变化是连续发生的，所以热影响区没有非常明显的分界线。这些区域的大致分类如表 2.9.1 所示。

表 2.9.1 钢的焊接热影响区的组织

名　称	加热到的温度范围/°C	组织简要说明
焊缝金属	熔化温度>1 500	熔化凝固的范围出现树枝状组织
粗晶粒区	>1 250	粗大部分，容易产生硬化并形成裂纹等
混合晶粒区（中间晶粒区）	1 250～1 100	位于粗晶粒和细晶粒之间，性能也在两者之间
细晶粒区	1 100～900	利用再结晶细化，韧性等机械性能良好
部分相变区	900～750	只有珠光体溶解、球化，常常形成高碳马氏体而使性能降低
脆性区	750～200	往往由于热应力而出现脆性，在显微镜下没有变化
母材区	200～室温	未受影响的母材区

2.9.3　实验仪器、设备及材料

（1）P-2B 型金相试样抛光机；

（2）XJP-100 型金相显微镜；

（3）擦镜纸、洗耳球；

（4）焊口试样；

（5）金相砂纸、玻璃板；

（6）抛光粉、呢子、绒布、医用脱脂棉、滤纸；

（7）无水酒精、硝酸、盐酸；

（8）烧杯、镊子、吹风机。

2.9.4　实验内容

掌握碳钢和铸铁的焊口显微组织的观察方法。

2.9.5　实验步骤及方法

（1）制备观察用的焊口样品。

① 对样品进行细磨，用 400 号、600 号、800 号、1 000 号金相砂纸按由粗到细的顺序进行。磨制时，要注意每换一号砂纸，样品要调 90°（也就是与上一号砂纸的磨痕方向垂直），将上一号砂纸的磨痕全部磨掉后，再更换更细一号砂纸。

② 对样品进行抛光。

将细磨好的样品用水冲洗干净，用 2% 的 Al_2O_3 的水悬浊液作为粗抛光剂，对样品进行粗抛光，将砂纸的磨痕全部抛掉为止；再用肥皂水作为细抛光剂，对样品进行细抛光，直到样品表面向镜面一样光亮为止。

③ 对样品进行浸蚀。

将抛光后的样品表面，用水和酒精洗涤干净，用吹风机吹干样品，然后用王水溶液浸蚀样品，样品抛光面浸入浸蚀剂中，抛光面呈暗灰色即可（本实验样品浸蚀时间为 60～100 s），浸蚀好的样品用酒精洗涤干净，再用吹风机吹干，即可进行显微组织观察。

（2）用 10×目镜与 40×物镜组成 400 倍的显微观察，观察表 2.9.2 给出的三种焊口样品、焊口组织结果。

表 2.9.2　三种焊口样品的观察内容

编　号	材　　料	状　　态	浸蚀剂
1	碳钢-碳钢	低碳焊条电弧焊接焊口与热影响区	3% 硝酸酒精溶液
2	铸铁-铸铁	铸铁焊条电弧焊接焊口与热影响区	王水溶液
3	铸铁-碳钢	铸铁焊条电弧焊接焊口与热影响区	王水溶液或 3% 硝酸酒精

（3）分析并区别不同焊口样品的组织特点，描绘观察到的显微组织。

（4）观察结束后，先将光亮度调节钮推至最低位，然后切断电源，将金相显微镜恢复。

2.9.6　实验报告

（1）画出所观察到的金相样品的显微组织示意图，并在图中标出组织，在图下标出：编号、材料名称、处理状态、金相组织、浸蚀剂、放大倍数等。

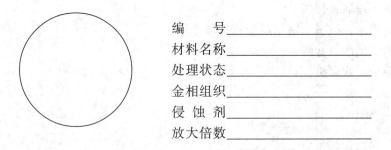

编　　号＿＿＿＿＿＿＿＿＿＿＿

材料名称＿＿＿＿＿＿＿＿＿＿＿

处理状态＿＿＿＿＿＿＿＿＿＿＿

金相组织＿＿＿＿＿＿＿＿＿＿＿

侵蚀剂＿＿＿＿＿＿＿＿＿＿＿＿

放大倍数＿＿＿＿＿＿＿＿＿＿＿

（2）注明观察焊口样品金相组织的形态特征，并分析组织特征如何影响焊接质量。

2.9.7　讨论题

论述常用金属材料的焊接特点及常用的焊接方法的工艺过程及用途。

2.10　铝合金固溶时效、高碳钢正常淬火与低碳钢双相热处理工艺设计

铝合金热处理就是选用某一热处理规范，控制加热速度升到某一相应温度下保温一定时间以一定的速度冷却，改变其合金的组织，其主要目的是提高合金的力学性能、增强耐腐蚀性能、改善加工性能、获得尺寸的稳定性。

淬火是将钢件加热到临界温度以上，保温适当的时间，然后以大于临界冷却速度冷却，获得马氏体或贝氏体组织的热处理工艺，它是强化钢材的最重要的热处理方法。需要淬火的工件，经过加热后，便放到一定的淬火介质中快速冷却。但冷却过快，工件的体积收缩及组织转变都很剧烈，从而不可避免地引起很大的内应力，容易造成工件变形及开裂。

低碳钢经双相热处理后，因将强韧的马氏体引入到高塑性的铁素体中而使材料得到强化，同时铁素体又赋予材料高的塑性，从而使低碳钢具有良好的综合力学性能。

2.10.1 实验目的

（1）学习制定铝合金的固溶与时效工艺，了解铝合金的固溶强化与时效强化；

（2）学习制定高碳钢的淬火工艺，了解高碳钢的正常淬火组织和性能；

（3）设计高碳钢的过热淬火工艺，观察其非正常的金相组织；

（4）学习正确制定低碳钢的双相热处理工艺，了解温度对双相组织的影响。

2.10.2 实验原理

1. 铝合金的固溶与时效

铝合金的热处理强化主要包括了固溶处理和时效处理。固溶处理是将铝合金加热到一定温度，使合金元素溶入到固溶体中，然后快速冷却到室温（在水中），得到过饱和状态的固溶体。过饱和固溶体大多是亚稳定的，在室温放置或将其加热到一定温度后保温一定时间，固溶体将发生某种程度的分解，析出第二相或形成溶质原子聚集区以及亚稳定过渡相，这种过程称为脱溶或沉淀。脱溶过程使得溶质原子在固溶体点阵中的一定区域内析出、聚集、形成新相，将引起合金的组织和性能的变化，称为时效。在室温放置过程中因过饱和固溶体脱溶，使合金产生强化的效应称为自然时效。若加热到某一温度使过饱和固溶体脱溶，使合金产生强化的效应称为人工时效。时效过程中由于弥散的新相的析出，可显著提高合金的强度和硬度，称为沉淀硬化或时效硬化。

对于 6082 铝合金，时效脱溶的序列：α 过饱和固溶体 $\rightarrow G \cdot P$ 区 $\rightarrow \beta''$ 相 $\rightarrow \beta'$ 相 $\rightarrow \beta$ 相。时效初期 Mg、Si 原子在铝基体晶面上聚集，形成溶质原子富集区，即 $G \cdot P$ 区，并与基体保持共格关系，边界上的原子为母相和 $G \cdot P$ 区所共有。为了同时适应两种不同原子排列形式，共格边界附近产生弹性应变，正是这种晶格的严重畸变阻碍了位错运动，从而提高了合金的强度。随着时效温度的提高和时间的延长，Mg、Si 原子进一步富集并趋于有序化，迅速长大成针状或棒状，即为 β'' 相，其 c 轴方向引起的弹性共格导致的应变场最大，其弹性应力场也最高。当 β'' 相长大到一定尺寸时，其应力场遍布整个基体，应变区几乎相连，此时合金的强度也最高；随着时效过程的进一步发展，在 β'' 相基础上，Mg、Si 原子进一步富集形成局部共格的 β' 过渡相，其周围基体的弹性应变有所减轻，对位错运动的阻碍减小。时效后期在 β' 相与基体上形成稳定的 β 相，失去与基体间的共格关系，完全从基体中脱离出来，共格应变消失，强度下降。

2. 高碳钢的淬火

一般铁碳合金的淬火加热温度是根据铁碳相图来确定的，亚共析钢正常淬火的加热温度为 $Ac_3 + (30 \sim 50)$ °C，属于完全淬火。而过共析钢正常淬火加热温度选择在 Ac_1 以上、Ac_m 以下，属于不完全淬火。

3. 低碳钢的双相热处理

一般亚共析钢完全淬火的淬火加热温度是根据铁碳相图来确定的，正常淬火加热温度为 $Ac_3 + (30 \sim 50)$ °C。而亚共析钢的双相热处理工艺是选择在 Ac_1 和 Ac_3 的温度区间加热，加热温度的高低决定了奥氏体的相对量和奥氏体中的含碳量，在随后的冷却中奥氏体转变为马氏体，而铁素体则保留下来，形成马氏体加铁素体的双相组织。

2.10.3 实验仪器、设备及材料

（1）高温加热炉、普通箱式炉、冷却槽和冷却介质；
（2）6082 铝合金试样、T12 钢试样与 10 号钢试样；
（3）金相显微镜和扫描电镜、透射电镜等。

2.10.4 实验内容

掌握铝合金的固溶和时效热处理工艺；掌握高碳钢的淬火工艺；掌握低碳钢的双相热处理工艺。

2.10.5 实验步骤及方法

1. 铝合金的固溶和时效工艺设计

（1）首先根据材料的成分，选择主要合金元素的二元相图或相图中的局部溶解度曲线。
（2）选择略高于溶解度曲线一定温度下固溶，根据样品的最小厚度测算保温时间，并在保温时间确定时需要加入保温时间的余量。
（3）根据铝合金成分及相应的相图或局部溶解度曲线，选择略高于第二相析出温度的时效温度进行时效处理，保温时间可以选择一个时间系列，以确定最佳保温时间范围。
（4）通过对不同状态下铝合金的力学性能测试，分析该铝合金固溶处理前后性能变化规律。
（5）通过对不同状态下铝合金的金相和透射电镜下微观组织结构观察，研究固溶与时效工艺对合金微观组织结构的影响规律。
（6）通过对不同状态下铝合金的断口形貌的扫描电镜观察，分析固溶与时效工艺对合金断口形貌的影响规律。

2. 高碳钢的淬火工艺设计

（1）根据给定高碳钢的成分和铁碳相图，确定该成分的 Ac_1 和 Ac_m。

（2）确认高碳钢（过共析钢）与低碳钢（亚共析钢）在热处理工艺设计方面的差异。

（3）根据热处理规范和成分、样品最小厚度大小，确定高碳钢固溶加热保温的温度和保温时间，并确定淬火冷却方式。

（4）试样处理后，用砂纸抹去氧化皮，擦净，然后测定该高碳钢的力学性能。

（5）取淬火处理并表面清理后的样品，通过金相显微镜、扫描电镜和透射电镜分析该高碳钢在淬火处理前后的微观组织结构变化。

3. 低碳钢的双相热处理步骤

（1）首先对双相热处理的要求需要明确微观组织结构的要求。

（2）根据低碳钢的成分和铁碳相图，确定相图上的 Ac_1、Ac_3，确定两相区的温度范围及其与保温平衡状态时两相的含量比例。

（3）根据最终低碳钢两相比例要求和样品尺寸最小厚度，确定淬火加热温度和保温时间，并选择冷却方式，一般选择水冷即可。

（4）试样处理后，测定该低碳钢的常规力学性能。

（5）取该低碳钢样品，通过金相显微镜、扫描电镜和透射电镜分析该高碳钢在淬火处理前后的微观组织结构变化。

2.10.6　实验报告

（1）根据铝合金相图，设计固溶热处理工艺。

（2）设计铝合金的时效工艺试验方案。

（3）根据奥氏体形成机理来确定加热保温制度。

（4）根据过冷奥氏体连续转变图来设计冷却工艺。

（5）材料处理后进行性能测试和组织观察，获得该材料的微观组织结构与热处理工艺的相互关系。

2.10.7　讨论题

（1）铝合金都可以进行固溶强化吗？为什么？

（2）影响铝合金时效强化的因素有哪些？

（3）不同的淬火加热温度对马氏体的形貌有何影响？为什么？

（4）如何改变双相钢中马氏体的相对量？

3 金属材料表面工程方向实验

3.1 盐雾腐蚀

盐雾试验的目的是为了考核产品或金属材料的耐盐雾腐蚀质量，而盐雾试验结果判定正是对产品质量的宣判，它的判定结果正确、合理，是正确衡量产品或金属抗盐雾腐蚀质量的关键。

3.1.1 实验目的

（1）了解盐雾腐蚀的基本原理以及盐雾腐蚀箱的结构和使用；
（2）掌握盐雾气氛中金属腐蚀的实验方法。

3.1.2 实验原理

盐雾实验是一种主要利用盐雾实验设备所创造的人工模拟盐雾环境条件来考核产品或金属材料耐腐蚀性能的环境试验。它分为两大类：一类为天然环境暴露试验，另一类为人工加速模拟盐雾环境试验。人工模拟盐雾环境试验是利用一种具有一定容积空间的试验设备——盐雾实验箱，在其容积空间内用人工的方法，造成盐雾环境来对产品的耐盐雾腐蚀性能质量进行考核。它与天然环境相比，其盐雾环境的氯化物的盐浓度，可以是一般天然环境盐雾含量的几倍或几十倍，使腐蚀速度大大提高，对产品进行盐雾试验，得出结果的时间也大大缩短。如在天然暴露环境下对某产品样品进行试验，待其腐蚀可能要1年，而在人工模拟盐雾环境条件下试验，只要24 h，即可得到相似的结果。

腐蚀是材料或其性能在环境的作用下引起的破坏或变质。大多数的腐蚀发生在大气环境中，大气中含有氧气、湿度、温度变化和污染物等腐蚀成分和腐蚀因素。盐雾腐蚀就是一种常见和最有破坏性的大气腐蚀。这里讲的盐雾是指氯化物的大气，它的主要腐蚀成分是海洋中的氯化物盐——氯化钠，它主要来源于海洋和内地盐碱地区。盐雾对金属材料表面的腐蚀是由于含有的氯离子穿透金属表面的氧化层和防护层与内部金属发生电化学反应引起的。同时，氯离子含有一定的水合能，易被吸附在金属表面的孔隙、裂缝排挤并取代氯化层中的氧，把不溶性的氧化物变成可溶性的氯化物，使钝化态表面变成活泼表面，造成对产品极坏的不良反应。

人工模拟盐雾试验又包括中性盐雾试验、醋酸盐雾试验、铜盐加速醋酸盐雾试验、交变盐雾试验。

（1）中性盐雾试验（NSS 试验）是出现最早、目前应用领域最广的一种加速腐蚀试验方法。它采用 5% 的氯化钠盐水溶液，溶液 pH 调在中性范围（6～7）作为喷雾用的溶液。

（2）醋酸盐雾试验（ASS 试验）是在中性盐雾试验的基础上发展起来的。它是在 5% 氯化钠溶液中加入一些冰醋酸，使溶液的 pH 降为 3 左右，溶液变成酸性，最后形成的盐雾也由中性盐雾变成酸性。它的腐蚀速度要比 NSS 试验快 3 倍左右。

（3）铜盐加速醋酸盐雾试验（CASS 试验）是国外新近发展起来的一种快速盐雾腐蚀试验，试验温度为 50 ℃，盐溶液中加入少量铜盐——氯化铜，强烈诱发腐蚀。它的腐蚀速度大约是 NSS 试验的 8 倍。

（4）交变盐雾试验是一种综合盐雾试验，它实际上是中性盐雾试验加恒定湿热试验。它主要用于空腔型的整机产品，通过潮态环境的渗透，使盐雾腐蚀不但在产品表面产生，也在产品内部产生。它是将产品在盐雾和湿热两种环境条件下交替转换，最后考核整机产品的电性能和机械性能有无变化。

3.1.3　实验仪器、设备及材料

（1）盐雾实验箱，如图 3.1.1 所示；

图 3.1.1　盐雾实验箱

（2）电子分析天平（1/10 000）；
（3）45 号钢试样；
（4）水砂纸、金相砂纸、玻璃板；
（5）盐酸、氯化钠、氢氧化钾、电吹风，pH 试纸、游标卡尺。

3.1.4　实验内容

利用盐雾试验箱测量金属材料的腐蚀速率。

3.1.5 实验步骤及方法

（1）试液的制备：将氯化钠溶于蒸馏水，并调节 pH 为 6.5～7.2。
（2）试样的制备：45 号钢试样表面清洗污垢。
（3）在电子天平上称重，用游标卡尺测量长、宽、高。
（4）放入盐雾实验箱，合上电源。
观察和记录腐蚀情况，清除表面腐蚀产物，干燥后再称量。

3.1.6 实验报告

（1）简述盐雾实验的操作步骤。
（2）记录腐蚀数据，并计算出试样在盐雾条件下的腐蚀速率。

3.1.7 讨论题

（1）盐雾实验过程中应注意哪些问题？
（2）盐雾实验与空气中腐蚀实验存在什么关系？举例说明。

3.2 化学沉积镍磷合金的镀层及厚度测量

化学沉积是利用一种合适的还原剂使镀液中的金属离子还原并沉积在基体表面上的化学还原过程。与电化学沉积不同，化学沉积不需要整流电源和阳极。

3.2.1 实验目的

（1）掌握化学沉积制备金属合金的工艺；
（2）熟悉化学沉积溶液配制方法；
（3）熟悉检测涂层结合力及厚度测量的方法。

3.2.2 实验原理

化学沉积是指在金属表面的催化作用下经控制化学还原法进行的金属沉积过程，制备的金属涂层具有厚度均匀，结合力强等优点，而且可以在非金属表面沉积金属，工艺设备简单，不需要电源、输电系统及辅助电极。利用化学沉积方法制备全光亮镍磷合金，制备过程包括试样前处理、溶液配制、沉积涂层等步骤。

3.2.3 实验仪器、设备及材料

（1）多口恒温水浴锅；

（2）镍盐、还原剂、络合剂、光亮剂；

（3）氨水、氢氧化钠、磷酸钠、磷酸、碳酸钠；

（4）45 号钢试样；

（5）水砂纸、金相砂纸、玻璃板、pH 试纸；

（6）烧杯、镊子、吹风机、刮刀。

3.2.4　实验内容

在碳钢表面进行化学沉积制备金属合金镀层。

3.2.5　实验步骤及方法

1. 溶液配制

称量硫酸镍 30 g、络合剂 25 g，分别溶入 100 mL 蒸馏水中，将络合剂溶液倒入硫酸镍溶液中，再加入次亚磷酸钠 20 g 作为还原剂，加入光亮剂 2 mg，加入 600 mL 蒸馏水稀释，然后用氨水调节溶液 pH 为 4.5～5，加入稳定剂 5 g，用蒸馏水稀释到 1 000 mL 制得镀镍磷液。用 250 mL 烧杯取 200 mL 镀镍磷液，放入恒温水浴锅内。

2. 样品制备

（1）将碳钢片切割成 50 mm×25 mm×1 mm 尺寸，然后用砂纸进行打磨，达到光亮效果，以去除表面缺陷。

（2）碱洗。碱洗是为了除去试样表面油垢，用 50 g/L 的 NaOH、40 g/L 的 Na_2CO_3、10 g/L 的 $Na_3PO_4 \cdot 12H_2O$ 配制的碱性洗液，用毛刷清洗干净试样表面，用自来水冲洗干净试样表面的碱液。

（3）酸洗。酸洗是为了除去金属表面的氧化物、嵌入试样表面的污垢以及附着的冷加工屑等。用 10% 的 HCl，室温下浸泡 3 min，用自来水清洗，再用蒸馏水清洗干净试样表面。

（4）化学沉积镍磷合金。将试样放入已经恒温 85 ℃ 的镀镍磷液中，保持沉积时间 50 min。

（5）水洗、吹干。用蒸馏水清洗试样表面，再用吹风机吹干试样。

3. 结合力实验

采用刮刀实验检测涂层结合力大小，将刮刀用力在涂层表面划过，如果涂层出现脱皮现象，表明结合力差，如果涂层没有出现脱皮现象，表明结合力良好。

4. 厚度测量

采用厚度测量仪测定镀层厚度，核算化学沉积速率。

3.2.6　实验报告

（1）简述化学沉积镍磷合金溶液的配制过程。

（2）简述化学沉积镍磷合金涂层的制备过程。

（3）写出在实验中所发现的问题和体会。

3.2.7 讨论题

（1）为提高化学沉积液的稳定性，对配制过程及成分有哪些要求？

（2）如何提高化学镀层与基体的结合力？

3.3 质量法测定金属的腐蚀速度

重量法测定金属的腐蚀速度是把金属做成一定形状和大小的试件，在一定的条件下（如一定的温度、压力和介质浓度等），经腐蚀介质一定时间的作用后，比较腐蚀前后该试片的质量变化，从而确定腐蚀速度的一种方法。

3.3.1 实验目的

（1）通过实验掌握金属腐蚀指示片试验处理方法；

（2）通过实验了解某些因素（如不同的介质、浓度和缓蚀剂）对金属腐蚀速度的影响；

（3）掌握用质量法测定金属腐蚀速度的原理和方法。

3.3.2 实验原理

对于均匀腐蚀，根据腐蚀产物容易除去，或完全牢固地附在试件表面的情况，可分别采用单位时间，单位面积上金属腐蚀后的质量损失或质量增加来表示腐蚀速度

$$V = \frac{\Delta W}{A \times t}$$

式中　ΔW——试验前后指示片的质量变化，g；

　　　A——试件的表面积，m^2；

　　　t——试件腐蚀的时间，h。

3.3.3 实验仪器、设备及材料

500 mm×30 mm×5 mm 玻璃板 1 块，钢样试件 1 块，镊子 1 把，丙酮，无水乙醇，药棉，干燥器 1 只，250 mL 烧杯 2 只，0～100 ℃温度计 1 支，砂皮纸及金相砂纸若干，电子分析天平（0.1 mg）。

实验溶液：3%HCl 溶液、3%HCl 溶液 + 0.5%Lan826 缓蚀剂。

3.3.4 实验内容

采用质量法测定金属的腐蚀速率。

3.3.5 实验步骤及方法

（1）经刨床加工一定形状的腐蚀指示片，用砂皮纸打磨到具有一定的光洁度。在打磨时把砂皮纸铺平放的玻璃板上，用手指按着试样沿着一个方向均匀打磨，打磨到一定程度后将试样转换 90°方向继续打磨，直到机械加工的纹条消失为止。

（2）将试片依次用金相砂皮纸（标号从低到高）打磨，直到前一次的磨痕消失为止。

（3）测量试片的表面积，并作为以后的试验备用。

（4）用滤纸小心消除表面黏附的残屑，然后用少量的药棉浸蘸无水乙醇擦洗脱脂，自然风干，并放入干燥器内。

（5）将干燥的金属指示片放在分析天平上称量（准确到 0.05 ~ 0.1 mg）。

（6）分别取 200 mL 下列溶液放在标记为 A、B 的 2 只 250 mL 干净烧杯中。A：3%HCl，B：3%HCl + 0.5% Lan826 缓蚀剂。

（7）将试样用尼龙丝悬挂，分别浸入恒温 40 ℃ 的上述腐蚀介质中，每种试样浸泡深度大致一样，上端应在液面以下 2 cm。

（8）自试样浸入溶液开始记录时间，半小时后将试样取出，用除盐水清洗，观察和记录试件表面现象。

（9）用软纸擦净试件表面，放入干燥器干燥。腐蚀产物去除原则是除去全部腐蚀产物，尽可能不损磨基体金属。

（10）干燥后的试件用分析天平称量。

3.3.6 实验报告

（1）观察金属试样腐蚀后的外形，确定腐蚀是均匀的还是不均匀的，观察腐蚀产物的颜色分布情况以及金属表面结合是否牢固。

（2）观察溶液颜色是否变化，是否有腐蚀产物的沉淀。

（3）计算各试件的腐蚀速度。

根据下式可计算 3%HCl 溶液中 0.5% Lan826 缓蚀剂的缓蚀率：

$$缓蚀率 = \frac{V - V'}{V} \times 100\%$$

式中　V——未加缓蚀剂的腐蚀速度；

V'——加入缓蚀剂的腐蚀速度。

3.3.7 讨论题

（1）为什么对金属指示片的表面光洁度要求这样高？

（2）什么叫缓蚀剂？为什么要加缓蚀剂？怎样计算缓蚀率？

（3）分析质量法测定金属腐蚀速度的误差来源和适用范围。

（4）质量法测定金属的腐蚀速度是否适用于评价局部腐蚀，为什么？

3.4　用线性极化法测量金属的腐蚀速度

线性极化技术是快速测定金属腐蚀速度的一种电化学方法。特点是灵敏、快速。由于极化电流很小，所以不至于破坏试样的表面状态，用一个试样可作重复连续测试，并适用于现场监控。

3.4.1　实验目的

（1）了解用线性极化技术测定金属腐蚀速度的原理及其适应范围；

（2）学习应用线性极化技术测定金属腐蚀速度的方法；

（3）了解腐蚀介质中各种成分对金属腐蚀速度的影响。

3.4.2　实验原理

根据线性极化技术的原理，如果构成腐蚀体系的两个局部反应皆受活化控制，且腐蚀电位离两个局部反应的平衡电位相距较远时，则在自然腐蚀电位 E_{corr} 附近的微小极化电位区（一般<10 mV），极化电位 ΔE 和极化电流 ΔI 成线性关系。根据 Stern 和 Geory 的理论推导，极化电阻与自腐蚀电流密度之间存在如下关系：

$$R_p = \frac{\Delta E}{\Delta i} = \frac{\beta_a \beta_c}{2.3(\beta_a + \beta_c)} \times \frac{1}{i_{corr}} = \frac{B}{i_{corr}}$$

式中　　R_p——极化电阻，$\Omega \cdot cm^2$；

　　　　ΔE——极化值，V；

　　　　Δi——极化电流密度，A/cm^2；

　　　　i_{corr}——金属的自腐蚀电流密度，A/cm^2；

　　　　β_a——在腐蚀过程中局部阳极反应的塔菲尔常数，V；

　　　　β_c——在腐蚀过程中局部阴极反应的塔菲尔常数，V。

确定了体系的 β_a、β_c 后，再根据测量的 R_p，就可确定 i_{corr}，由 i_{corr} 再根据法拉第定律即可算出金属的腐蚀速度 V（失重指标）。

对于一个给定的腐蚀体系，在一个不太长的时间间隔内，可以近似地认为 β_a、β_c 是常数，可用极化曲线的方法、挂片失重法或从文献资料中查得。

R_p 的测量方法有恒电流法、恒电位法、动电流法、动电位法、交流阻抗法等。

本实验中，电极为同种材料的等距离三电极体系。

3.4.3　实验仪器、设备及材料

（1）腐蚀速度测量仪；
（2）电化学腐蚀测试系统，如图 3.4.1 所示；

图 3.4.1　电化学腐蚀测试系统

（3）实验介质：3%HCl 溶液，3%HCl + 0.5%Lan826 缓蚀剂。

3.4.4　实验内容

采用线性极化法测量金属的腐蚀速度。

3.4.5　实验步骤及方法

（1）电极制备。
用砂纸打磨电极表面，由粗到细，用无水乙醇擦洗电极表面，再用除盐水冲洗，滤纸吸干。
（2）测试前的准备工作。
将烧杯洗净，倒入所用介质，把电极浸入介质中等待一定时间，使电极开路电位基本稳定。
（3）使用电化学腐蚀测试系统测极化电流 ΔI。
① 电化学腐蚀测试系统使用方法。
② 腐蚀速度测量仪使用方法。

3.4.6　实验报告

（1）用表列出实验所得结果。
（2）求出所加缓蚀剂的缓蚀效率。

3.4.7　讨论题

（1）极化电阻与自腐蚀电流密度关系式成立应具备哪些条件？

（2）应用线性极化技术测定金属腐蚀速度时，影响测量准确性的因素有哪些？

（3）线性极化法测定金属的腐蚀速度适用于什么体系？

$$缓蚀率 = \frac{R_p(加缓蚀剂) - R_p(不加缓蚀剂)}{R_p(加缓蚀剂)}$$

3.5　铝的阳极氧化与着色

阳极氧化是现代最基本和最通用的铝合金表面处理的方法。阳极氧化可分为普通阳极氧化和硬质阳极氧化。铝及铝合金电解着色所获得的色膜具有良好的耐磨、耐晒、耐热和耐腐蚀性，广泛应用于现代建筑铝型材的装饰防蚀。

3.5.1　实验目的

（1）了解铝阳极氧化的原理和掌握阳极氧化工艺；

（2）了解氧化膜着色工艺操作。

3.5.2　实验原理

金属或合金的电化学氧化。将金属或合金的制件作为阳极，采用电解的方法使其表面形成氧化物薄膜。金属氧化物薄膜改变了表面状态和性能，如表面着色，提高耐腐蚀性、增强耐磨性及硬度、保护金属表面等。

3.5.3　实验仪器、设备及材料

（1）直流稳压稳流电源，如图 3.5.1 所示；

图 3.5.1　直流稳压稳流电源

（2）草酸、磷酸、添加剂等；

（3）铝合金试样；

（4）烧杯、镊子、吹风机、刮刀。

3.5.4 实验内容

对铝金属表面进行阳极氧化和着色处理。

3.5.5 实验步骤及方法

1. 溶液配制

取 H_2SO_4 45 g、H_3BO_3 8 g 溶解在 1 L 蒸馏水中，配制阳极氧化液。取 $SnSO_4$ 16 g、H_2SO_4 14 g、添加剂 RI 16 g，溶解在 1 L 蒸馏水中，配制着色液。

2. 制 备

（1）将铝合金切割成 50 mm×25 mm×1 mm 尺寸，然后用砂纸进行打磨，达到光亮效果，以去除表面缺陷。

（2）碱洗。碱洗是为了除去试样表面油垢，用 50 g/L 的 NaOH、40 g/L 的 Na_2CO_3、10 g/L 的 $Na_3PO_4 \cdot 12H_2O$ 配制的碱性洗液，用毛刷清洗干净试样表面，用自来水冲洗干净试样表面的碱液。

（3）酸洗。酸洗是为了除去金属表面的氧化物、嵌入试样表面的污垢以及附着的冷加工屑等。用 10% 的 HCl，室温下浸泡 3 min，用自来水清洗，再用蒸馏水清洗干净试样表面。

（4）铝合金阳极氧化膜的制备。将试样放入氧化液中，控制电流密度，恒定电压，保持沉积时间 50 min。

（5）水洗吹干。用蒸馏水清洗试样表面，再用吹风机吹干试样。

（6）将试样放入着色液中，控制电流密度，着色时间 10 min，用吹风机吹干。

3.5.6 实验报告

（1）简述阳极氧化溶液的配制过程。
（2）简述阳极氧化膜的制备过程。

3.5.7 讨论题

（1）铝阳极氧化有哪些方法？
（2）铝阳极氧化的目的是什么？

3.6 金属材料复合电沉积

复合电沉积是国内外最近几十年迅速发展起来的材料科学中的一种新技术，与普通电沉积相比，它能有效地提高镀层质量，同时减少了添加剂，获得复合性能的镀层，适应绿色生产的需要，在工程中获得越来越广泛的应用。

3.6.1　实验目的

（1）掌握电沉积制备金属合金的工艺；
（2）熟悉电沉积溶液配制方法；
（3）熟悉检测涂层结合力的方法。

3.6.2　实验原理

将直流电流的正、负极分别用导线连接到镀槽的阴、阳极上，当直流电通过两电极及两极间含金属离子的电解液时，电镀液中的阴、阳离子由于受到电场的作用，发生有规则的移动，阴离子移向阳极，阳离子移向阴极，这种现象叫"电迁移"。此时，金属离子在阴极上还原沉积成镀层，而阳极氧化将金属转移为离子。当然，离子的移动除电迁移外，还可以通过对流和扩散迁移。当阴、阳离子到达阳、阴极表面时，就会发生氧化还原反应。

阴极还原反应：　　　　$Me^{n+} + ne^- = Me$

阳极氧化反应：　　　　$Me - ne^- = Me^{n+}$

实际上，阴极上还可能发生：$2H^+ + 2e^- = H_2$（易引起氢脆，应避免）。当阳极发生钝化时，阳极上也可能发生：$4OH^- - 4e^- = 2H_2O + O_2$。

以上就是电沉积的过程及反应。而复合电沉积是在电沉积的基础上，掺杂固体粉末，实现与金属共沉积，可获得各种功能性涂层材料。

3.6.3　实验仪器、设备及材料

（1）WYK10020 型直流稳压稳流电源；
（2）镍盐、还原剂、络合剂、光亮剂；
（3）氨水、氢氧化钠、磷酸钠、磷酸、碳酸钠、碳化硅粉末；
（4）45 号钢试样；
（5）水砂纸、金相砂纸、玻璃板、pH 试纸；
（6）烧杯、镊子、吹风机、刮刀。

3.6.4　实验内容

金属材料表面进行复合电沉积实验。

3.6.5　实验步骤及方法

1. 溶液配制

取 $NiSO_4 \cdot 6H_2O$ 80 g、$Na_2WO_4 \cdot 2H_2O$ 90 g 溶解在 700 mL 蒸馏水中，再缓慢加入 $NaH_2PO_2 \cdot H_2O$ 15 g，搅拌条件下加入 SiC 60 g、络合剂 120 g、CeO 10 g，调整溶液 pH 为 5.5 ~ 7.0，然后将溶液调整到 1 L。

2. 样品制备

（1）将碳钢片切割成 50 mm×25 mm×1 mm 尺寸，然后用砂纸进行打磨，达到光亮效果，以去除表面缺陷。

（2）碱洗。碱洗是为了除去试样表面油垢，用 50 g/L 的 NaOH、40 g/L 的 Na_2CO_3、10 g/L 的 $Na_3PO_4 \cdot 12H_2O$ 配制的碱性洗液，用毛刷清洗干净试样表面，用自来水冲洗干净试样表面的碱液。

（3）酸洗。酸洗是为了除去金属表面的氧化物、嵌入试样表面的污垢以及附着的冷加工屑等。用 10% 的 HCl，室温下浸泡 3 min，用自来水清洗，再用蒸馏水清洗干净试样表面。

（4）电沉积沉积镍磷合金。将试样放入镀镍磷液中，保持沉积时间 50 min。

（5）水洗吹干。用蒸馏水清洗试样表面，再用吹风机吹干试样。

3. 结合力实验

采用刮刀实验检测涂层结合力大小，将刮刀用力在涂层表面划过，如果涂层出现脱皮现象，表明结合力差，如果涂层没有出现脱皮现象，表明结合力良好。

3.6.6　实验报告

（1）简述复合电沉积镍磷合金溶液的配制过程。
（2）简述复合电沉积镍磷合金涂层的制备过程。
（3）写出在实验中所发现的问题和体会。

3.6.7　讨论题

（1）复合电沉积的目的是什么？
（2）复合电沉积中固体粉末有什么要求？

3.7　阳极钝化曲线测量及分析

阳极钝化现象，金属表面状态发生变化，使它具有贵金属的低腐蚀速率和正电极电势增高等特征。金属与周围介质自发地进行化学作用而产生的金属钝化称为化学钝化或自钝化作用。

3.7.1　实验目的

（1）掌握用动电位伏安法测量阳极钝化曲线；
（2）学习分析极化曲线。

3.7.2　实验原理

动电位伏安法是利用慢速线性电压扫描信号控制恒电位仪，使电位信号连续线性变化，用数据处理器采集电流信号，处理数据并绘制极化曲线。

为了测得稳态极化曲线，扫描速度必须足够慢，可依次减小扫描速度测定若干条极化曲线，当继续减小扫描速度而极化曲线不再明显变化时，就可确定此速度来测量该体系的极化曲线，但有些电极测量时间越长，表面状态及其真实面积变化的积累越严重，在这种情况下就不一定测稳态极化曲线，而测非稳态或准稳态极化曲线来比较不同体系的电化学行为以及各种因素对电极过程的影响。

动电位伏安法的实验线路示意图如图3.7.1所示。

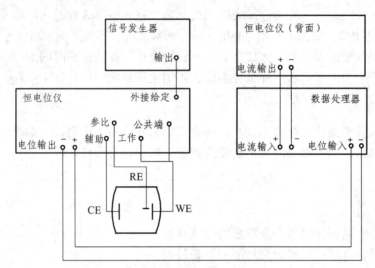

图 3.7.1　动电位伏安法的实验线路示意图

其中恒电位仪是中心环节，它保证研究电极电位随给定电位的变化而变化。要使恒电位仪的给定电位发生线性扫描必须接上信号发生器，即把信号发生器的输出端与恒电位仪的"外接给定"端连接起来，而且接地端彼此相连，根据实验需要选择扫描速度以及初始和结束电位。

实验过程中研究电极电位及电流信号的采集和处理在数据处理器中完成，并在处理器中直接绘制极化曲线。本实验用动电位法测定碳钢在硫酸（0.5 mol/L）中的极化曲线。

3.7.3　实验仪器、设备及材料

（1）电化学腐蚀测试系统；

（2）饱和甘汞电极和盐桥、铂电极1套；

（3）电解池（六口瓶）1个；

（4）硫酸（0.5 mol/L）1 L；

（5）碳钢试件1个；

（6）金相砂纸，电解池夹具等若干。

3.7.4　实验内容

采用电化学腐蚀测试系统进行阳极钝化曲线测量。

3.7.5 实验步骤及方法

（1）将铁电极用金相砂纸逐级打磨，用酒精棉脱脂，并用去离子水冲洗。

（2）以铂电极为辅助电极，饱和甘汞电极为参比电极，与铁电极（工作电极）组成三电极体系。

（3）分别打开电化学腐蚀测试系统，将工作电极、参比电极和辅助电极与恒电位仪"电解池"中相应接头相连。

（4）打开计算机中的实验软件，观察计算机中记录的极化曲线，曲线依次出现活性溶解区、活化-钝化过渡区、钝化区和过钝化区，待过钝化区出现较明显时，停止采集，信号发生器停止扫描。

（5）保存实验曲线，打印后附在实验报告上。

3.7.6 实验报告

（1）用表列出实验所得结果。

（2）简述阳极钝化曲线测量过程。

3.7.7 讨论题

（1）在极化曲线测量时，对工作电极、参比电极、辅助电极的主要要求是什么？

（2）盐桥和鲁金毛细管主要起什么作用？为什么通氮气？

（3）粗略画出实验中得到的极化曲线，标出阳极极化曲线的活化区，活化-钝化过渡区，钝化区和过钝化区。

（4）通过曲线判断试样是否钝化，是自发钝化还是经极化诱导的钝化？

（5）写出开路电位，致钝电位，致钝电流数值。致钝电位应接近还是远离 E_{corr}，致钝电流较小还是较大时表示试样易于钝化？

（6）写出维钝电流和过钝化电位数值。维钝电流小还是大时表示钝化程度高？过钝化电位越正表示钝化膜越稳定还是越不稳定？

4 无损检测方向实验

4.1 着色渗透检测

渗透检测是以毛细管作用原理为基础的检查表面开口缺陷的无损检测方法，是产品制造中实现质量控制、节约原材料、改进工艺、提高劳动生产率的重要手段，也是设备维护中不可或缺的手段。

4.1.1 实验目的

（1）了解着色渗透检测的基本原理；
（2）掌握焊件焊缝着色渗透探伤试验方法。

4.1.2 实验原理

着色渗透探伤基本原理是：将含有染料的渗透液涂敷在被检工件表面，利用液体的毛细作用，使其渗入表面开口缺陷中，然后再除去工件表面多余的渗透液，干燥后施加显像剂，将缺陷中的渗透液吸附到工件表面上，再观察反映缺陷形状的痕迹，进行缺陷的质量评定。图 4.1.1 为着色渗透探伤基本步骤示意图。

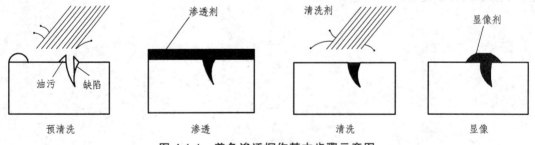

图 4.1.1 着色渗透探伤基本步骤示意图

渗透检测具有较高的灵敏度，可发现 0.1 μm 宽的缺陷，可检测各种材料。但它只能检测出表面开口的缺陷，不适于检查多孔性疏松材料制成的工件和表面粗糙的工件。渗透检测只能检测出缺陷的表面分布，难以确定缺陷的实际深度，因而很难对缺陷做出定量评价。

4.1.3 实验仪器、设备及材料

（1）喷罐式溶剂去除型着色渗透检测材料 1 套（其灵敏度符合实验要求）；

（2）焊缝试板；

（3）白光灯、放大镜；

（4）钢丝刷、砂纸、锉刀等工具；

（5）无绒布或纱布；

（6）不锈钢镀铬辐射状裂纹试块（B 型试块）。

4.1.4 实验内容

用溶剂去除型着色渗透检测焊缝及其周边金属。

4.1.5 实验步骤及方法

1. 预处理

先用钢丝刷、砂纸、锉刀等工具清理试板的检测区域,及检测部位四周向外扩展约 25 mm,去除试板表面的锈迹、表面飞溅、焊渣等污物;再用清洗剂清洗试板的受检表面,以除去油污和污垢,并随后干燥。

2. 渗 透

将渗透液喷涂于试板受检面,喷嘴距被检工件表面一般以 20 ~ 30 mm 为宜,渗透时间不少于 10 min,环境温度为 15 ~ 50 ℃;在整个渗透时间内,渗透液必须润湿全部受检表面。

3. 去 除

渗透完毕后,先用干布擦去表面多余渗透液,然后用沾有去除剂的无绒布擦拭。擦拭时,应朝一个方向擦拭,不能往复擦拭,以免互相污染。清洗后的检测面可采用自然干燥或用压缩空气吹干。

4. 显 像

将显像剂喷涂于受检表面,以形成薄而均匀的显像剂层,显像剂层厚度以 0.05 ~ 0.07 mm 为宜,应覆盖工件底色。喷涂时,喷嘴距被检工件表面一般以 300 ~ 400 mm 为宜,喷洒方向与受检表面夹角为 30° ~ 40°。

5. 检 查

显像结束后,应在白光下进行检测。先检查 B 型试块表面,观察辐射裂纹显示是否符合要求。如果符合,就说明整个渗透检测系统及操作符合要求。此时,方可检查试样表面。必要时,可用 5 ~ 10 倍放大镜观察。

6. 记 录

记录包括受检试块名称、受检部位、渗透剂名称、主要工艺参数、缺陷情况等。

7. 质量评定

根据标准、规范或技术文件进行质量评定，最后出具报告。

4.1.6 实验报告

（1）写明试验目的、试验设备和试验内容。
（2）记录试验结果，判明缺陷性质和大小，并根据标准、规范或技术文件进行质量评定。

4.1.7 讨论题

（1）渗透探伤的基本原理是什么？
（2）渗透探伤过程应注意哪些事项？
（3）如何对渗透探伤出的缺陷进行评定？

4.2 焊缝磁粉检测

磁粉检测方法工艺简单，检测灵敏度高，可直观显示出缺陷的形状、位置与大小，应用比较广泛，主要用以探测磁性材料表面或近表面的缺陷。

4.2.1 实验目的

（1）了解磁粉探伤的基本原理；
（2）掌握磁粉探伤的一般方法和检测步骤。

4.2.2 实验原理

漏磁场是指被磁化物体内部的磁力线在缺陷或磁路截面发生突变的部位离开或进入物体表面所形成的磁场。漏磁场的成因在于磁导率的突变。若被磁化的工件上存在缺陷，由于缺陷内所含的物质一般有远低于铁磁性材料的磁导率，因而造成了缺陷附近磁力线的弯曲和压缩。如果该缺陷位于工件的表面或近表面，则部分磁力线就会在缺陷处逸出工件表面进入空气中，绕过缺陷后再折回工件，由此形成了缺陷的漏磁场。如果在漏磁场处撒上磁导率很高的磁粉，因为磁力线穿过磁粉比穿过空气更容易，所以磁粉会被该漏磁场吸附。

磁粉检测的基础是缺陷的漏磁场与外加磁粉的磁相互作用，及通过磁粉的聚集来显示被检工件表面上出现的漏磁场，在根据磁粉聚集形成的磁痕的形状和位置分析漏磁场的成因和评价缺陷。设在被检工件表面上有漏磁场存在。如果在漏磁场处撒上磁导率很高的磁粉，因为磁力线穿过磁粉比穿过空气更容易，所以磁粉会被该漏磁场吸附，被磁化的磁粉沿缺陷漏磁场的磁力线排列。在漏磁场力的作用下，磁粉向磁力线最密集处移动，最终被吸附在缺陷上。由于缺陷的漏磁场有被实际缺陷本身大数十倍的宽度，因而磁粉被吸附后形成的磁痕能够放大缺陷。通过分析磁痕评价缺陷，即是磁粉检测的基本原理。

因此，磁粉检测就是通过对被检工件施加磁场使其磁化（整体磁化或局部磁化），在工件的表面和近表面缺陷处将有磁力线逸出工件表面而形成漏磁场，有磁极的存在就能吸附施加在工件表面上的磁粉形成聚集磁痕，从而显示出缺陷的存在，如图4.2.1所示。

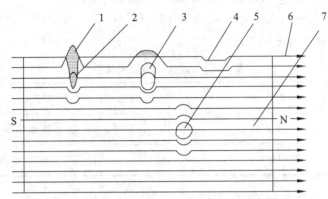

图4.2.1　不连续性部位的漏磁场分布

1—漏磁场；2—裂纹；3—近表面气孔；4—划伤；5—内部气孔；6—磁力线；7—工件

磁粉检测方法应用比较广泛，主要用以探测磁性材料表面或近表面的缺陷。多用于检测焊缝、铸件或锻件，如阀门、泵、压缩机部件、法兰、喷嘴及类似设备等。探测更深一层内表面的缺陷，则需应用射线检测或超声波检测。磁粉检测具有检测成本低、操作便利、反应快速等特点。其局限性在于仅能应用于磁性材料，且无法探知缺陷深度，工件本身的形状和尺寸也会不同程度地影响到检测结果。

4.2.3　实验仪器、设备及材料

（1）CY-1000B型交流磁粉探伤仪；

（2）磁粉膏；

（3）磁悬浮液喷洒器；

（4）焊缝试板；

（5）砂纸；

（6）放大镜；

（7）擦布。

4.2.4　实验内容

（1）熟悉磁粉探伤实验设备。

（2）找到焊接件缺陷位置，并估算缺陷尺寸。

4.2.5　实验步骤及方法

（1）工件表面预处理，用砂纸清除掉工件表面的防锈漆，使待建工件表面平整光滑，以使探头能和工件表面接触良好。

（2）准备好磁粉悬浮液。磁膏充分溶化于适量水中，并搅拌均匀，形成磁性溶液，装入喷撒壶待用。普通磁粉为 20～30 g/L 油或水；荧光磁粉为 3～5 g/L 油或水。

（3）接通仪器电源开关，红色指示灯亮说明仪器已接通电网。

估算探伤电流（电流的选择见表 4.2.1），将工作选择开关 SA2 置于"充磁"位置，并使"电流调节"电位器处于合适位置。

表 4.2.1　触头法磁化电流值

工件厚度 T/mm	电流值 I/A
$T<19$	（3.5～4.5）倍触头间距
$T\geqslant 19$	（4～5）倍触头间距

将探头和工件表面接触好（应保证触头与工件紧密结合，以防止打火烧伤工件，触头接触面打火后会产生氧化层，引起再次打火，应用砂纸去除氧化层后再使用），并将磁粉悬浮液向两磁头间喷洒少许，按下充磁按钮，充磁指示灯亮，表示工件正在磁化，应当磁悬浮液在工件表面正在流动时，对工件充磁。每次充磁时间应掌握在 1～2 s，对于同一种工件可多次短时间充磁。每次充磁时间不应大于 3 s，更不允许长时间对工件连续大电流通电。

（4）沿工件表面拖动探头，重复上述方法，进行一段距离后，用放大镜在已检工件表面仔细检查，寻找是否有磁痕堆积，从而评判缺陷是否存在。

（5）填写磁粉探伤实验报告，初步评估缺陷性质尺寸，分析实验结果。

（6）若需对工件退磁，将 SA2 调节在"退磁"位置，接工作按钮，电缆内即有逐渐衰减的退磁电流输出。退磁时间小于 6 s。

4.2.6　实验报告

（1）写明试验目的、试验设备、试验内容。

（2）记录试验结果，判明缺陷性质和大小，并根据标准、规范或技术文件进行质量评定。

4.2.7　讨论题

（1）磁粉探伤基本原理是什么？

（2）影响磁粉探伤灵敏度的因素有哪些？

（3）如何进行磁痕分析？

4.3 涡流法测金属裂纹

涡流检测是一种对导电材料表面或近表面的无损检测方法。可在高温、薄壁管、细线、零件内孔表面等其他检测方法不适用的场合实施监测。

4.3.1 实验目的

（1）了解涡流探伤的基本原理；
（2）掌握涡流探伤的一般方法和检测步骤。

4.3.2 实验原理

1. 涡流检测基本原理

变化着的磁场接近导体材料或导体材料在磁场中运动时，由于电磁感应现象的存在，导体材料内将产生旋涡状电流，这种旋涡状的电流叫涡流。同时，旋涡状电流在导体材料中流动又形成一个磁场，即涡流场。

如图 4.3.1 所示，线圈中通以交变电流 i，线圈周围产生交变磁场，因电磁感应作用，在线圈下面的导体（试样）中同时产生一个互感电流，即涡流 i_E。随着原磁场 H 周期性交互变化，产生的感应磁场（或称互感磁场）即涡流磁场 H_E，也呈周期性交互变化。由电磁感应原理可知，感应磁场 H_E 总要阻碍原磁场 H 的变化；即当原磁场 H 增大时、感应磁场 H_E 也要反向增强；反之亦然，最终达到原磁场 H 与感应磁场 H_E 的动态平衡。通俗地说，感应磁场 H_E 总是要阻碍原磁场 H 的改变，以便维持相对的动态平衡。当检测线圈位于导体的缺陷位置时，涡流在导体中的正常流动就会被缺陷所干扰。换句话说，导体在缺陷处，其导电率发生了变化，导致涡流 i_E 的状况受到了影响，感应磁场 H_E 随之发生变化，这种变化破坏了原来的平

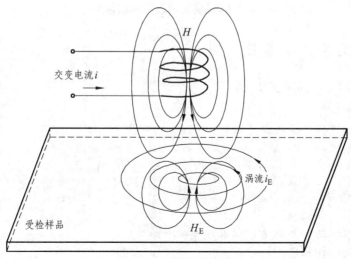

图 4.3.1 涡流信号图

衡（即 H 与 H_E 的动态平衡），原线圈立刻会感受到这种变化。即通过电流 I 反馈回来一个信号，我们称之为涡流信号。这个涡流信号通过涡流仪拾取、分析、处理、显示、记录，成为我们对试件进行探伤、检测的根据。实际上，除导体存在缺陷可引起涡流变化外，导体的其他性质（如电导率、磁导率、几何形状等）的变化也会影响导体中涡流 i_E 的流动，这些影响都将产生相应的涡流信号。因此，涡流不仅可以用来探伤，且可以用来测量试样的电导率、磁导率、几何形变（或几何形状）和材质分选等。

涡流检测就是以电磁感应为基础的，它的基本原理是：当载有交变电流的检测线圈靠近导电试件时，由于线圈中交变的电流产生交变的磁场，从而试件中会感生出涡流。涡流的大小、相位及流动形式受到试件导电性能等的影响，而涡流的反作用磁场又使检测线圈的阻抗发生变化。因此，通过测定检测线圈阻抗的变化，就可以得出被测试件的导电性差别及有无缺陷等方面的结论。

2. 涡流仪器的基本结构

根据电磁感应的互感原理，只有两个导体之间才能产生互感效应。故产生涡流的基本条件是：能产生交变激励电流及测量其变化的装置，检测线圈（探头）和被检工件（导体）。通常受检工件包括金属管、棒、线材，成品或半成品的金属零部件等。如图 4.3.2 所示，它是一个最基本的涡流仪器图。检测线圈拾取的涡流信号可由线圈的感抗变化来表示。

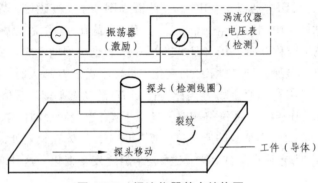

图 4.3.2　涡流仪器基本结构图

4.3.3　实验仪器、设备及材料

（1）EEC-35RFT 型涡流探伤仪；

（2）各种探头；

（3）铜管对比试样、铝板对比试样；

（4）待测量试件。

4.3.4　实验内容

（1）熟悉涡流探伤实验设备，设置合理检测参数；

（2）了解探头结构和使用特点；

（3）检测试块缺陷，并设置自动报警。

4.3.5　实验步骤及方法

1. 探头驱动、探头增益设置

点击"设计"菜单中"探头驱动、探头增益设置"，按计算机键盘上"PgUp"、"PgDn"（细调）和"Home"、"End"（粗调）设置频率、前置放大、驱动和纠偏。频率一般为探头工作频率的中间值，也可根据材料进行选择最佳经验值。前置放大一般为 15 dB、20 dB、25 dB；绝对式点探头驱动一般设为 1~3，内、外穿探头和边缘式点探头（差动式）设为 5~7。

2. 调节阻抗平衡位置

点击"采集"菜单中"开始/结束"，把探头放在校准试样无缺陷处，不停地晃动，按计算机键盘"空格键"使屏幕中绿点处在屏幕中心。

3. 设置临界报警缺陷

（1）点击"采集"菜单中"开始/结束"，把探头缓慢地通过校准试样中的各个缺陷，在时基图中用鼠标右键选择基准缺陷。

（2）点击"采集"菜单中"增益增加"和"增益减少"按钮，使基准缺陷阻抗八字图处在临界报警区域（红色区域，见图 4.3.3），也就是如果缺陷大于等于该基准缺陷，设备报警，否则不报警。

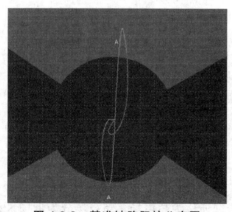

图 4.3.3　基准缺陷阻抗八字图

（3）点击"采集"菜单中"左旋"和"右旋"按钮，使基准缺陷阻抗八字图的相位测量值为 40 deg，对于内穿探头如果测量缺陷相位小于该值，缺陷则靠近管内壁，否则靠近外壁，对于外穿探头与之相反。

（4）再次调节阻抗平衡位置。

点击"采集"菜单中"开始/结束"，把探头放在校准试样无缺陷处，不停地晃动，按计算机键盘"空格键"使屏幕中绿点处在屏幕中心。

4. 工件测量

使探头缓慢扫过待测工件，若工件有大于设定的基准缺陷，设备将报警，否则通过检测。

4.3.6 实验报告

（1）写明试验目的、试验设备和试验步骤。

（2）写出试验结果记录和分析。

4.3.7 讨论题

（1）涡流探伤的基本原理是什么？

（2）如何进行探头驱动，前置增益的合理选择？

4.4 锻件纵波检测

锻件是制造各种机械设备及锅炉、压力容器的重要毛坯件。它们在生产加工过程中常会产生一些缺陷，影响设备的安全使用。因此，有必要对其进行超声检测。锻件超声检测常用的技术有：纵波直入射检测、纵波斜入射检测、横波检测。由于锻件外形可能很复杂，有时为了发现不同取向的缺陷，在同一个锻件上需同时采用纵波和横波检测。其中纵波直入射检测是最基本的检测方式。

4.4.1 实验目的

（1）掌握纵波探伤时扫描速度的调整方法；

（2）掌握纵波探伤时灵敏度的调整方法；

（3）掌握纵波探伤时缺陷定位、定量的方法。

4.4.2 实验原理

1. 纵波发射声场与规则反射体的回波声压

超声振动所波及的部分介质称为超声场，超声场分为近场区和远场区。近场区波源轴线上声压起伏变化，存在极大、极小值，纵波声场的近场区长度 $N = D_S/4\lambda$。至波源的距离大于近场区长度的区域称为远场区。远场区内波源轴线上声压随距离 x 增加单调减少，当 $x \geqslant 3N$ 时，声压与距离成反比，符合球面规律：

$$P = \frac{P_0 F_S}{\lambda x} \tag{4-4-1}$$

式中　P_0——波源起始声压；

　　　F_S——波源面积。

在实际探伤中，广泛采用单探头反射法探伤，波高与声压成正比。平底孔、大平底回波声压计算如下。

平底孔：

$$P_f = \frac{P_x F_f}{\lambda x} = \frac{P_0 F_S F_f}{\lambda^2 x^2}$$

（4-4-2）

大平底：

$$P_B = \frac{P_0 F_S}{2\lambda x}$$

（4-4-3）

式中 P_0——波源的起始声压；

F_S——波源的面积；

F_f——平底孔缺陷的面积；

λ——波长；

x—平底孔至波源的距离。

由式（4-4-1）得不同直径、不同距离的平底孔分贝差：

$$\Delta_{12} = 20\lg\frac{P_{f1}}{P_{f2}} = 40\lg\frac{D_{f1}x_2}{D_{f2}x_1}$$

（4-4-4）

由式（4-4-2）得不同距离大平底回波分贝差：

$$\Delta_{12} = 20\lg\frac{P_{B1}}{P_{B2}} = 20\lg\frac{x_2}{x_1}$$

（4-4-5）

由式（4-4-1）、式（4-4-2）可得不同距离处大平底与平底孔回波分贝差：

$$\Delta = 20\lg\frac{P_B}{P_f} = 20\lg\frac{2\lambda x_f^2}{\pi D_f^2 x_B}$$

（4-4-6）

2. 扫描速度与探伤灵敏度

（1）扫描速度。仪器荧光屏上的水平刻度值 dB 与实际声程之间的比例关系称为扫描速度。例如，扫描速度 1∶2，表示荧光屏上水平刻度值 1 代表实际声程 2 mm。

探伤前调整扫描速度是为了在规定的范围内发现缺陷并对缺陷定位。调整扫描速度，是以两次不同声程的反射波分别对准相应的水平刻度值来实现的。

（2）探伤灵敏度。灵敏度是指发现最小缺陷的能力，探伤灵敏度是通过调节仪器的灵敏度旋钮来调节仪器输出功率，使探伤系统在规定的距离范围内正好能发现规定大小的缺陷。

探伤前调节探伤灵敏度是为了发现规定大小的缺陷，并对缺陷定量。探伤灵敏度可以利用工件底波或试块来调节。

3. 缺陷定位和定量

（1）定位。工件中缺陷的位置可以根据荧光屏上缺陷波前沿所对的刻度值和扫描速度来确定。设扫描速度为 1∶n，缺陷波所对读数为 τ_f，则缺陷至探头距离为

$$x_f = n\tau_f$$

（4-4-7）

例如，扫描速度为 1：2，缺陷波水平刻度值 $\tau_f = 25$，则工件中缺陷至探头的距离 $x_f = 2 \times 25 = 50$（mm）。

（2）定量。超声波探伤中，对缺陷定量的常用方法有当量法和测长法。

当量法包括当量试块比较法、当量计算法、当量 AVG 曲线法等。当量法适用于尺寸小于波束截面的较小缺陷定量。

测长法包括半波高度法、端点半波高度法等。测长法适用于大于波束截面的缺陷定量。

在锻件纵波探伤中，常用当量计算法对缺陷定量。先测定缺陷的距离 x_f 和缺陷相对波高的 dB 数，然后代入式（4-4-4）、式（4-4-5）来计算缺陷的当量尺寸。

4.4.3　实验仪器、设备及材料

（1）仪器：CTS-22、CTS-26 等；

（2）直探头；

（3）试块：CSK-IA，ⅡW，CS-2 等；

（4）耦合剂，机油。

4.4.4　实验内容

调整扫描速度和探伤灵敏度，对锻件缺陷进行定位、定量分析。

4.4.5　实验步骤及方法

1. 调整扫描速度

采用ⅡW试块，将探头对准试块上厚为 100 mm 的底面，重复调节仪器上深度微调旋钮和延迟旋钮，使底波 B2、B4 分别对准水平刻度 50、100，这时扫描线水平刻度值与实际声程的比例正好为 1：4，同时实现了声程零位和时基线零位的重合。

2. 调整探伤灵敏度

要求检测灵敏度为 $\phi2$。

（1）计算。由理论公式确定最大声程处大平底与 $\phi2$ 平底孔的分贝差 Δ 为

$$\Delta = 20\lg\frac{P_B}{P_{\phi2}} = 20\lg\frac{\lambda x}{2\pi} \tag{4-4-8}$$

（2）调节。探头对准锻件大平底，"衰减器"衰减 Δ dB，调"增益"使底波 B1 达基准（80%）高，然后用"衰减器"增益 Δ dB。至此，$\phi2$ 探伤灵敏度调好。

3. 扫查探测

固定"增益"，探头在探测面上扫查探测。发现缺陷后，前后左右移动探头找到最高回波，并用"衰减器"调至基准高，记录缺陷波前沿正对的水平刻度值 τ_f 和缺陷波达基准高（80%）时，衰减器对应的 dB 值。

4. 缺陷定位

设扫描速度为 $d : n$，则缺陷至探测面的距离：

$$x_f = n\tau_f$$

5. 缺陷定量

根据缺陷的距离 x_f 和缺陷波与最大声程处 $\phi 2$ 平底孔的分贝差 Δ，即"衰减器"所对 dB 值，利用下式计算确定其当量尺寸。

$$\Delta = 20\lg\frac{P_{f1}}{P_{f2}} = 40\lg\frac{D_{f1}x_2}{2x_1} \tag{4-4-9}$$

4.4.6 实验报告

（1）写明试验目的、试验设备、试验步骤。
（2）确定缺陷的位置和当量大小。

4.4.7 讨论题

（1）什么是扫描速度？检测前为何要调节仪器的扫描速度？调节时为什么用二次不同的反射波，而不用始波和一次反射波？
（2）如何进行缺陷波的定量分析？

4.5 焊缝的横波斜探头探伤

锅炉、压力容器、压力管道和各种钢结构主要是采用焊接方法制造的。为了保证焊接质量，超声检测是检测焊接接头缺陷并为焊接接头质量评价提供重要数据的主要无损检测手段之一。

4.5.1 实验目的

（1）掌握横波斜探头入射点、K 值（或折射角）的测试方法；
（2）掌握按声程、深度或水平距离调节横波扫描速度的方法；
（3）掌握横波探伤时灵敏度的调节方法；
（4）掌握横波距离-波幅曲线的制作方法；
（5）掌握中厚板对接焊缝探伤时缺陷定位和定量方法。

4.5.2 实验原理

1. 距离-波幅曲线

缺陷波高与缺陷大小及距离有关，大小相同的缺陷由于距离不同，回波高度也不相同。

描述某一确定反射体回波高度随距离变化的关系曲线称为距离-波幅曲线。它是 AVG 曲线的特例。

距离-波幅曲线由定量线、判废线和评定线组成，如图 4.5.1 所示。评定线和定量线之间（包括定量线）称为Ⅰ区，定量线与判废线之间（包括定量线）称为Ⅱ区，判废线及其以上区域称为Ⅲ区。距离-波幅曲线有两种形式，一种是波幅用 dB 值表示作为纵坐标，距离作为横坐标，称为距离-dB 曲线；另一种是波幅用 mm（或%）表示作为纵坐标，距离为横坐标，实际探伤中将其绘在示波屏面板上，称为面板曲线。距离-波幅曲线与实用 AVG 曲线一样可以实测得到，也可由理论公式或通用 AVG 曲线得到，但 3 倍近场区内只能实测得到。

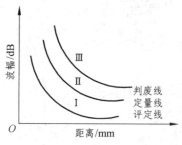

图 4.5.1　距离-波幅曲线

实际探伤中经常是利用试块实测得到的。评定线、定量线、判废线之间的距离与板厚和所用试块有关，不同板厚范围的距离-波幅曲线的灵敏度如表 4.5.1 所示。

表 4.5.1　不同板厚范围的距离-波幅曲线的灵敏度

试块形式	板厚/mm	评定线/dB	定量线/dB	判废线/dB
CSK-ⅡA	6～46	$\phi2\times40-18$	$\phi2\times40-12$	$\phi2\times40-4$
	>46～120	$\phi2\times40-14$	$\phi2\times40-8$	$\phi2\times40+2$
CSK-ⅢA	8～15	$\phi1\times6-12$	$\phi1\times6-6$	$\phi1\times6+2$
	>15～46	$\phi1\times6-9$	$\phi1\times6-3$	$\phi1\times6+5$
	>46～120	$\phi1\times6-6$	$\phi1\times6$	$\phi1\times6+10$

2. 斜探头的入射点和 K 值（或折射角）

（1）探头入射点。斜探头的入射点是指斜探头斜楔中纵波声轴入射到探头底面的交点，通常用前沿长度表示。

（2）折射角。斜探头的折射角是超声波在工件中横波的折射角。由斜楔的角度和超声波在工件中的传播速度决定。

探头中折射角的标称值是指钢中横波的折射角，由斜楔的角度决定。K 值是折射角的正切值，即 $K = \text{tg}\beta = L/H$。

3. 扫描速度和灵敏度

横波检测时，缺陷位置可由折射角 β 和声程 x 来确定，也可由缺陷的水平距离 l 和深度 d 来确定。一般横波扫描速度的调节方法有 3 种：声程调节法、水平调节法和深度调节法。

（1）声程调节法。声程调节法是指示波屏上的水平刻度值 τ 与横波声程 x 成比例，即 $\tau : x = 1 : n$。这时仪器示波屏上直接显示横波声程。按声程调节横波扫描速度可在 II W、CSK-I A、II W2、半圆试块以及其他试块或工件上进行。

（2）水平调节法。水平调节法是指示波屏上水平刻度值 τ 与反射体的水平距离 L 成比例，即 $\tau : L = 1 : n$。这时示波屏水平刻度值直接显示反射体的水平投影距离（简称水平距离），多用于薄板工件焊缝检测。按水平距离调节横波扫描速度可在 CSK-IA 试块、半圆试块、横孔试块上进行。

（3）深度调节法。深度调节法是指示波屏上的水平刻度值 τ 与反射体深度 d 成比例，即 $\tau : d = 1 : n$，这时示波屏水平刻度值直接显示深度距离。常用于较厚工件焊缝的横波检测。可在 CSK-IA 试块、半圆试块和横孔试块等试块上调节。

在焊缝探伤中常用深度法和水平距离法。当板厚 $T \geqslant 200$ mm 时，一般采用深度法，当板厚 $T < 20$ mm 时，一般采用水平距离法。

4. 缺陷定位和定量

（1）定位。

横波斜探头检测平面时，波束轴线在探测面处发生折射，工件中缺陷的位置由探头的折射角和声程确定或由缺陷的水平和垂直方向的投影来确定。由于横波速度可按声程、水平、深度来调节，因此，缺陷定位的方法也不一样。下面分别主要介绍后两种。

① 按水平调节扫描速度时，仪器按水平距离 $1 : n$ 调节横波扫描速度，缺陷波的水平刻度值为 τ_f，采用 K 值探头检测，T 为工件厚度。一次波检测时，缺陷在工件中的水平距离 l_f 和深度 d_f 为

$$\begin{cases} l_f = n\tau_f \\ d_f = \dfrac{l_f}{K} = \dfrac{n\tau_f}{K} \end{cases} \tag{4-5-1}$$

二次波检测时，缺陷波在工件中的水平距离 l_f 和深度 d_f 为

$$\begin{cases} l_f = n\tau_f \\ d_f = 2T - \dfrac{l_f}{K} = 2T - \dfrac{n\tau_f}{K} \end{cases} \tag{4-5-2}$$

② 按深度调节扫描速度时，仪器按深度 $1 : n$ 调节横波扫描速度，缺陷波的水平刻度值为 τ_f，采用 K 值探头检测。一次波检测时，缺陷在工件中的水平距离 l_f 和深度 d_f 为

$$\begin{cases} l_f = Kn\tau_f \\ d_f = n\tau_f \end{cases} \tag{4-5-3}$$

二次波检测时，缺陷在工件中的水平距离 l_f 和深度 d_f 为

$$\begin{cases} l_f = Kn\tau_f \\ d_f = 2T - n\tau_f \end{cases} \tag{4-5-4}$$

（2）定量。

在焊缝探伤中，对位于定量或定量线以上的缺陷要进行波幅和指示长度的测定。依据规则反射体的回波幅度与缺陷尺寸的关系进行回波幅度评定。常用实测距离-波幅曲线进行评定，找到缺陷波的最高回波，测出它与基准波高的 dB 差。然后测其指示长度，常用的方法有相对灵敏度法（有 6 dB 法和端点 6 dB 法）、绝对灵敏度法、端点峰值法。最后根据验收标准对焊缝进行评级。

4.5.3　实验仪器、设备及材料

（1）仪器：CTS-22、CTS-26 等；

（2）斜探头；

（3）试块：CSK-IA、CSK-ⅡA 或 CSK-ⅢA 试块；

（4）耦合剂：甘油。

4.5.4　实验内容

制作距离-波幅曲线，然后据此进行焊缝探伤。

4.5.5　实验步骤及方法

1. 距离-波幅曲线的测试

（1）调节仪器，使时基扫描线清晰明亮，并与水平刻度线重合。抑制至"0"。

（2）在检测面中心位置移动，使 $R100$ 圆柱曲底面回波达最高，此时，$R100$ 圆弧的圆心所对应探头上的点就是该探头的入射点。量出探头前端至试块圆弧边缘的距离 M（mm）。则探头的前沿长度：$L_0 = 100 - M$。探头对准试块上的 $\phi50$ 横孔，找到最高回波，并测出探头前沿至试块端面的距离 L，则有：

$$K = \tan\beta_S = (L + L_0 - 35)/30$$

（3）按深度 1:1 调节扫描速度，利用 CSK-IA 试块调节。先计算 $R50$、$R100$ 圆弧反射波 B_1、B_2 对应的深 d_1、d_2，然后调节仪器使 B_1、B_2 分别对准水平刻度值 d_1、d_2。如果 $K = 2.0$，$d_1 = 22.4$ mm、$d_2 = 44.8$ mm，调节仪器使 B_1、B_2 分别对准水平刻度 22.4、44.8，则深度 1:1 就调好了。

（4）调起始灵敏度。探头对准 CSK-ⅢA 试块上 $d = 70$ mm（d 略大于 $2T$）的 $\phi1 \times 6$，衰减 20 dB（大于测长线和耦合补偿所需增益的 dB 值），调增益使 $d = 70$ mm 的 $\phi1 \times 6$ 的最高回波达基准 60% 高。

（5）记录。固定增益，调衰减器，分别使 $d = 60$ mm，50 mm，40 mm，30 mm，20 mm，10 mm 的 $\phi1 \times 6$ 最高反射波达 60%，记录相应的衰减器的读数。

（6）绘制距离-波幅曲线。根据板厚和测定的数据，绘制距离-波幅曲线。

（7）校验距离-波幅曲线。探头置于 CSK-ⅢA 试块上，分别对准 $d = 20$ mm 和 50 mm，找到最高回波，先看回波是否对准水平刻度 20 和 50 处，然后再看最高回波达基准高时，衰减器读数是否和前面测试的结果相同。若二者有一条不符，且误差较大，则应重新测试曲线。

2. 焊缝探伤

（1）清理打磨探测面。

（2）调节探伤灵敏度（二次波探伤）。由 $d = 2T = 2 \times 30 = 60 \ mm$，查距离-波幅曲线的测长线对应的 dB 值 N，设 $N = 14$（dB）。又设耦合与材质损失为 $\Delta N = 4 \ dB$，则探伤灵敏度应为 $N - \Delta N = 14 - 4 = 10$（dB）。即将衰减器读数调至 10 dB，这时探伤灵敏度就调好了。

（3）扫查探测。探头分别置于焊缝的两侧作锯齿形扫查，齿距不大于晶片尺寸，保持探头与焊缝中心线垂直的同时作 10°～15° 的摆动。为了发现横向缺陷，可使探头与焊缝成 10°～45° 作斜平行扫查。为了确定缺陷的位置、方向、形状，还可采用前后、左右、转角和环绕等方式进行扫查。

（4）缺陷定位。在扫查过程中发现缺陷后，要根据扫描速度和缺陷波所对的刻度值来确定缺陷在焊缝中的位置。

（5）缺陷定量。在测定缺陷位置的同时，还要测定缺陷的波幅和指示长度，并根据验收标准评定焊缝的级别。

（6）记录。记录缺陷的位置、波幅、长度。

4.5.6　实验报告

（1）写明试验目的、试验设备、试验步骤。

（2）写出试验结果记录和分析，并评定焊缝的级别。

4.5.7　讨论题

（1）为什么测定探头 K 值必须在 $2N$ 以外进行。

（2）横波检测焊缝时，如何选择探头的 K 值、频率、晶片尺寸和耦合剂。

4.6　材料拉伸断裂过程中的声发射检测

声发射检测是通过接收和分析材料的声发射信号来评定材料性能或结构完整性的无损检测方法。可以通过声发射检测来研究材料中裂缝扩展、塑性变形或相变等现象。

4.6.1　实验目的

（1）了解声发射技术实时监测材料断裂过程的基本原理；

（2）掌握声发射信号检测的操作方法；

（3）利用声发射信号的基本参数分析材料的断裂过程。

4.6.2 实验原理

1. 声发射的概念

材料中局域源快速释放能量产生瞬态弹性波的现象称为声发射（Acoustic Emission, AE），也称为应力波发射。材料在应力作用下的变形与裂纹扩展，是结构失效的重要机制。这种直接与变形和断裂机制有关的源，被称为声发射源。近年来，流体泄漏、摩擦、撞击、燃烧等与变形和断裂机制无直接关系的另一类弹性波源，被称为其他声发射源或二次声发射源。

声发射是一种常见的物理现象，各种材料声发射信号的频率范围很宽，从几 Hz 的次声频、20～20 000 Hz 的声频到数 MHz 的超声频；声发射信号幅度的变化范围也很大，从 10～13 nm 的微观位错运动到 1 m 量级的地震波。如果声发射释放的应变能足够大，就可产生人耳听得见的声音。大多数材料变形和断裂时有声发射发生，但许多材料的声发射信号强度很弱，人耳不能直接听见，需要借助灵敏的电子仪器才能检测出来。用仪器探测、记录、分析声发射信号和利用声发射信号推断声发射源的技术称为声发射技术，人们将声发射仪器形象地称为材料的听诊器。

2. 声发射检测的基本原理

声发射检测的原理如图 4.6.1 所示，从声发射源发射的弹性波最终传播到达材料的表面，引起可以用声发射传感器探测的表面位移，这些探测器将材料的机械振动转换为电信号，然后再被放大、处理和记录。固体材料中内应力的变化产生声发射信号，在材料加工、处理和使用过程中有很多因素能引起内应力的变化，如位错运动、孪生、裂纹萌生与扩展、断裂、无扩散型相变、磁畴壁运动、热胀冷缩、外加负荷的变化等。人们根据观察到的声发射信号进行分析与推断以了解材料产生声发射的机制。

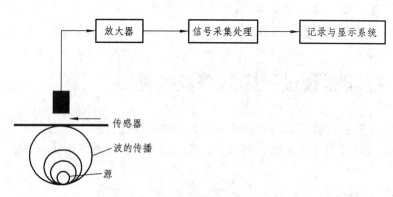

图 4.6.1　声发射检测的原理

声发射检测的主要目的是：① 确定声发射源的部位；② 分析声发射源的性质；③ 确定声发射发生的时间或载荷；④ 评定声发射源的严重性。一般而言，对超标声发射源，要用其他无损检测方法进行局部复检，以精确确定缺陷的性质与大小。

4.6.3　实验仪器、设备及材料

（1）Sounswel 声发射检测系统；
（2）电子万能材料试验机；
（3）拉伸试样；
（4）黄油、胶带、游标卡尺等。

4.6.4　实验内容

测得拉伸试样在断裂过程中的声发射信号的事件计数率、振幅分布、能量分布、事件定位图等。

4.6.5　实验步骤及方法

（1）将试样的表面磨平，以保证试样与传感器能充分接触。
（2）将试样安装在万能材料试验机用于拉伸实验的夹具上。
（3）将两个声发射感器通过黄油耦合在拉伸试件上，并用胶带等将传感器固定，用游标卡尺量出声发射传感器之间的距离。
（4）打开声发射仪器的主机，打开测试软件，进行实验参数设定。
（5）仪器灵敏度测试。断铅声发射实验，若信号振幅达到近 90 dB，说明传感器耦合良好，检测灵敏。
（6）设置声发射参数的图形显示参数，包括声发射事件计数率、振幅分布、能量分布以及定位图等。
（7）打开万能材料试验机的控制软件，设置相应的实验参数后对试验样品加载直至断裂，同时开始声发射信号的采集、显示、记录并保存。

4.6.6　实验报告

（1）写明试验目的、试验设备、试验步骤。
（2）绘制声发射信号的事件计数率、振幅分布、能量分布、事件定位图。
（3）结合应力-应变曲线图，利用实验结果图，分析材料在拉伸条件下各阶段中的损伤、断裂特征。

4.6.7　讨论题

（1）如何根据声发射特征和应力-应变曲线分析材料的断裂行为？
（2）对缺陷信号进行定位计算。

5　高分子材料实验

5.1　BPO 和 AIBN 提纯

引发剂是产生自由基聚合反应活性中心的物质,它不仅是影响聚合反应速率的重要因素,也是影响聚合物相对分子质量的重要因素。因此,引发剂的纯度非常重要,有时即使数量级仅为 $10^{-4} \sim 10^{-6}$ 的杂质存在,也会大大影响聚合反应进程和产物的质量。过氧化苯甲酰(以下简称为 BPO)和偶氮二异丁腈(以下简称为 AIBN)是两种最常用的自由基聚合反应的引发剂,它们的纯度对聚合物的聚合度和分子量有决定性的影响,因此,在用于聚合前要进行精制。

5.1.1　实验目的

(1)了解 BPO 和 AIBN 的基本性质和保存方法;
(2)掌握 BPO 和 AIBN 的精制方法。

5.1.2　实验原理

BPO 和 AIBN 的精制主要是利用它们在不同溶剂中溶解度的差异而进行的。

BPO 为白色结晶性粉末,熔点为 $103 \sim 106\ ^\circ\mathrm{C}$,能溶于乙醚、丙酮、氯仿和苯,易燃烧,受撞击、热、摩擦会爆炸。常用的 BPO 由于长期的保存部分会分解,因此,在用于聚合前要进行精制,通常采用重结晶法,在结晶过程中温度过高会爆炸,注意控制温度。

AIBN 为白色柱状结晶或白色粉末状结晶,有毒。不溶于水,能溶于甲醇、热乙醇、苯、甲苯,略溶于乙醇。溶于丙酮和庚烷时会发生爆炸。加热 AIBN 到 $100 \sim 107\ ^\circ\mathrm{C}$ 时熔融并发生急剧分解,放出氮气与对人体有毒的数种有机腈化合物,同时可能引起爆炸、着火。在室温下缓慢分解,应在 $10\ ^\circ\mathrm{C}$ 以下储存,远离火种,热源。

5.1.3　实验仪器、设备及材料

(1)实验仪器:真空干燥器、抽滤装置、回流冷凝管、三角瓶、水浴、棕色瓶;
(2)药品:BPO、AIBN、氯仿、甲醇。

5.1.4 实验内容

对 BPO 和 AIBN 进行精制，并计算产率。

5.1.5 实验步骤及方法

1. BPO 的精制

BPO 采用重结晶法进行精制。纯化过程：在 100 mL 烧杯中加入 5 g BPO 和 20 mL 氯仿，不断搅拌使之溶解、过滤，其滤液直接滴入 50 mL 甲醇中，然后将白色针状结晶过滤，用冰冷的甲醇洗净抽干，反复重结晶两次。将沉淀在真空干燥器中干燥。纯 BPO 放于棕色瓶中，保存于干燥器中。

图 5.1.1 为 BPO 纯化装置，图 5.1.2 为 BPO 抽滤装置。

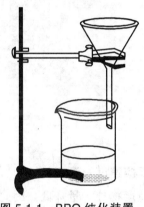

图 5.1.1　BPO 纯化装置

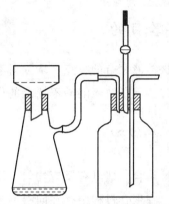

图 5.1.2　BPO 抽滤装置

2. AIBN 的精制

在装有回流冷凝管的 150 mL 三角瓶中加入 50 mL 95% 的甲醇，于水浴上加热到接近沸腾，迅速加入 5 g AIBN，振荡使其全部溶解（煮沸时间不宜过长，若过长，则分解严重），热溶液迅速抽滤（过滤所用漏斗和吸滤瓶必须预热），滤液冷却后得白色结晶，于真空干燥器中干燥，熔点为 102 ℃，产品放于棕色瓶中，低温保存。图 5.1.3 为 AIBN 的精制装置。

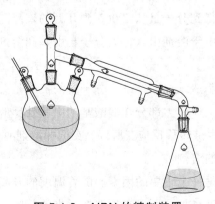

图 5.1.3　AIBN 的精制装置

5.1.6 实验报告

（1）请写出 BPO 和 AIBN 的精制原理及实验步骤。

（2）请写出本次实验中印象较深的内容及收获。

5.1.7 讨论题

（1）实验过程中需要注意什么问题？

（2）如何提高 BPO 和 AIBN 的产率？

5.2 醋酸乙烯酯的溶液聚合

5.2.1 实验目的

（1）掌握溶液聚合的特点，增强对溶液聚合的感性认识；

（2）通过实验了解聚醋酸乙烯酯的聚合特点。

5.2.2 实验原理

（1）溶液聚合一般具有反应均匀、聚合热易散发、反应速度及温度易控制、分子量分布均匀等优点。在聚合过程中存在向溶剂链转移的反应，使产物分子量降低。因此，在选择溶剂时必须注意溶剂的活性大小。各种溶剂的链转移常数变动很大，水为零，苯较小，卤代烃较大。一般根据聚合物分子量的要求选择合适的溶剂。另外，还要注意溶剂对聚合物的溶解性能，选用良溶剂时，反应为均相聚合，可以消除凝胶效应，遵循正常的自由基动力学规律。选用沉淀剂时，则成为沉淀聚合，凝胶效应显著。产生凝胶效应时，反应自动加速，分子量增大。劣溶剂的影响介于其间，影响程度随溶剂的优劣程度和浓度而定。

（2）本实验以甲醇为溶剂进行醋酸乙烯酯的溶液聚合。根据反应条件的不同，如温度、引发剂量、溶剂等的不同可得到分子量从 2 000 到几万的聚醋酸乙烯酯。聚合时，溶剂回流带走反应热，温度平稳。但由于溶剂引入，大分子自由基和溶剂易发生链转移反应使分子量降低。

（3）聚醋酸乙烯酯适于制造维尼纶纤维，分子量的控制是关键。由于醋酸乙烯酯自由基活性较高，容易发生链转移，反应大部分在醋酸基的甲基处反应，形成链或交链产物。除此之外，还向单体、溶剂等发生链转移反应。所以，在选择溶剂时，必须考虑对单体、聚合物、分子量的影响，而选取适当的溶剂。

（4）温度对聚合反应也是一个重要的因素。随着温度的升高，反应速度加快，分子量降低，同时引起链转移反应速度增加，所以必须选择适当的反应温度。

5.2.3　实验仪器、设备及材料

（1）实验仪器：250 mL 三口瓶 1 个、回流冷凝管 1 个、搅拌器 1 个、温度计 1 个、100 mL 滴液漏斗 1 个、恒温水浴；

（2）药品：醋酸乙烯酯、甲醇、偶氮二异丁腈（AIBN）。

5.2.4　实验内容

合成聚醋酸乙烯酯，并计算产率。

5.2.5　实验步骤及方法

首先安装如图 5.2.1 所示的溶液聚合反应装置，在 250 mL 三口烧瓶中加入新鲜蒸馏的醋酸乙烯酯 60 mL、0.2 g 偶氮二异丁腈（AIBN）以及 10 mL 甲醇，在搅拌下加热，使其回流，温度控制在 64～65 ℃，反应 3 h。观察反应情况，当体系很黏稠，聚合物完全黏在搅拌轴上时停止加热，加入 50 mL 甲醇，再搅拌 10 min，待黏稠物稀释后，停止搅拌。然后，将溶液慢慢倒入盛水的瓷盘中，聚醋酸乙烯酯呈薄膜析出。放置过夜，待膜面不黏手，将其用水反复冲洗，晾干后剪成碎片，放入烘箱内进行干燥、计算产率。

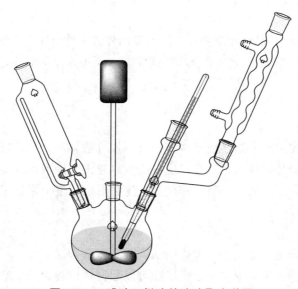

图 5.2.1　醋酸乙烯酯的溶液聚合装置

5.2.6　实验报告

（1）请写出常见的几种自由基聚合方法以及优缺点。

（2）写出大体实验步骤，以及实验结果。

5.2.7　讨论题

（1）如何提高聚醋酸乙烯酯薄膜的产率？

（2）如果实际生产聚醋酸乙烯酯薄膜，你认为与实验室操作会有哪些不同？应做哪些改变？

5.3　甲基丙烯酸甲酯的本体聚合

5.3.1　实验目的

（1）了解本体聚合的基本原理和特点；

（2）熟悉和掌握有机玻璃的制备方法；

（3）了解一些常用的测试方法。

5.3.2　实验原理

（1）本体聚合：单体本身在不加溶剂及其他分散介质的情况下由微量引发剂或光、热、辐射能等引发进行的聚合反应。

（2）本体聚合的特点。

本体聚合的优点：

① 由于聚合体系中的其他添加物少（除引发剂外，有时会加入少量必要的链转移剂、颜料、增塑剂、防老剂等），因而所得聚合产物纯度高，特别适合于制备对透明性和电性能要求高的产品。

② 反应设备简单。

本体聚合的缺点：

聚合反应是最难控制的，这是由于本体聚合不加分散介质，聚合反应到一定阶段后，体系黏度大，易产生自动加速现象，聚合反应热也难以导出，因而反应温度难控制，易局部过热，导致反应不均匀，使产物分子量分布变宽。这在一定程度上限制了本体聚合在工业上的应用。

解决方法：

常采用分阶段聚合法，即工业上常称的预聚合和后聚合。

（3）通过本体聚合方法，甲基丙烯酸甲酯可以制得有机玻璃。甲基丙烯酸甲酯由于具有庞大的侧基，其产品往往为无定形固体。其最突出的性能是具有高度的透明度，透光率可达90%以上。密度小，制品比同体积的无机玻璃制品轻巧得多。耐冲击强度好，低温性能良好，是航空工业与光学仪器制造工业的重要原料。有机玻璃表面光滑，在一定的弯曲限度内，光线可在其内部传导而不逸出，故外科手术中利用它把光线输送到口腔、喉部等作照明。它的电性能优良，电子、电气工业中常用来作为绝缘材料。有机玻璃又由于它的着色后色彩五光十色，鲜艳夺目，被广泛应用于装饰材料和日用制品。

甲基丙烯酸甲酯的本体聚合是在引发剂引发下，按自由基聚合反应历程进行的。引发剂通常为过氧化苯甲酰或偶氮二异丁腈。

$$n\,CH_2=\underset{\underset{COOCH_3}{|}}{\overset{\overset{CH_3}{|}}{CH}} \longrightarrow (CH_2-\underset{\underset{COOCH_3}{|}}{\overset{\overset{CH_3}{|}}{CH}})_n$$

5.3.3　实验仪器、设备及材料

（1）实验仪器：四口瓶，电动搅拌器，温度计，球形冷凝管，恒温水浴，试管，试管夹等；

（2）药品：甲基丙烯酸甲酯（已蒸馏）50 mL，过氧化苯甲酰（BPO）0.5 g。

5.3.4　实验内容

合成聚甲基丙烯酸甲酯（有机玻璃），并计算产率。

5.3.5　实验步骤及方法

1. 预聚合反应

在装有搅拌器、冷凝管、温度计的 250 mL 的四口瓶中加入溶有 0.5 g BPO 的甲基丙烯酸甲酯 50 mL，开始搅拌并升温至 75 ~ 80 ℃，反应 20 ~ 30 min，观察黏度变化。当物料呈蜜糖状时，用冷水浴骤然降温至 40 ℃ 以下停止搅拌，将四口瓶中预聚物灌入已备好的试管中。

2. 聚合反应

将上述试管放入水浴中，升温至 60 ℃，保温 1 ~ 2 h，待试管中基本无气泡产生，且聚合物基本变硬时，升温至 100 ℃，保温 1 h 后，任其自然冷却到 40 ℃ 以下，去掉玻璃试管，即可得到光滑无色透明的有机玻璃棒。

5.3.6　实验报告

（1）绘出本实验的操作简图。
（2）写出大体实验步骤，以及实验结果。

5.3.7　讨论题

（1）如何提高聚甲基丙烯酸甲酯的产率？
（2）与无机玻璃相比，有机玻璃性能有何不同？
（3）如何尽量消除有机玻璃棒中的气泡？

5.4 乙酸乙烯酯的乳液聚合

5.4.1 实验目的

（1）熟悉乳液聚合的特点，了解乳液聚合中各组分的作用；
（2）掌握制备聚乙酸乙烯酯乳胶的方法。

5.4.2 实验原理

1. 乳液聚合

乳液聚合是将不溶或微溶于水的单体在强烈的机械搅拌及乳化剂的作用下与水形成乳状液，在水溶性引发剂的引发下进行的聚合反应。

2. 乳液聚合与悬浮聚合的相似之处

乳液聚合与悬浮聚合都是将油性单体分散在水中进行聚合反应，因而都具有导热容易，聚合反应温度易控制的优点。

3. 乳液聚合与悬浮聚合的不同之处

（1）在乳液聚合中，单体虽然同以单体液滴和单体增溶胶束形式分散在水中的，但由于采用的是水溶性引发剂，因而聚合反应不是发生在单体液滴内，而是发生在增溶胶束内形成M/P（单体/聚合物）乳胶粒。

（2）每一个M/P乳胶粒仅含一个自由基，因而聚合反应速率主要取决于M/P乳胶粒的数目，也即取决于乳化剂的浓度。

（3）由于胶束颗粒比悬浮聚合的单体液滴小得多，因而乳液聚合得到的聚合物粒子也比悬浮聚合的小得多。

4. 乳液聚合的特点

乳液聚合能在高聚合速率下获得高分子量的聚合产物，且聚合反应温度通常都较低，特别是使用氧化还原引发体系时，聚合反应可在室温下进行。乳液聚合使聚合反应后期体系黏度通常仍很低，可用于合成黏性大的聚合物，如橡胶等。

5. 乳液聚合所得乳胶粒子粒径大小及其分布的影响因素

（1）乳化剂。对同一乳化剂而言，乳化剂浓度越大，乳胶粒子的粒径越小，粒径大小分布越窄。

（2）油水比。油水比一般为 $1:2 \sim 1:3$，油水比越小，聚合物乳胶粒子越小。

（3）引发剂。引发剂浓度越大，产生的自由基浓度越大，形成的M/P颗粒越多，聚合物乳胶粒越小，粒径分布越窄，但分子量越小。

（4）温度。温度升高可使乳胶粒子变小，温度降低则使乳胶粒子变大，但都可能导致乳液体系不稳定而产生凝聚或絮凝。

（5）加料方式。分批加料比一次性加料易获得较小的聚合物乳胶粒，且聚合反应更易控制；分批滴加单体比滴加单体的预乳液所得的聚合物乳胶粒更小，但乳液体系相对不稳定，不易控制，因此，多用分批滴加预乳液的方法。

5.4.3　实验仪器、设备及材料

（1）药品：乙酸乙烯酯 32 mL，蒸馏水 20 mL，BPO 0.25 g，10% 聚乙烯醇（1788）水溶液 30 mL，OP-10 乳化剂 0.8 mL，过硫酸钾（KPS）0.08 ~ 0.10 g；

（2）实验仪器：装有搅拌器、冷凝管、温度计的三颈瓶 1 套，恒温水浴 1 套，10 mL、50 mL、100 mL 量筒各 1 支，50 mL 烧杯 1 个。

5.4.4　实验内容

合成聚乙酸乙烯酯颗粒，并计算产率。

5.4.5　实验步骤及方法

（1）先在 50 mL 烧杯中将 KPS 溶于 8 mL 水中。

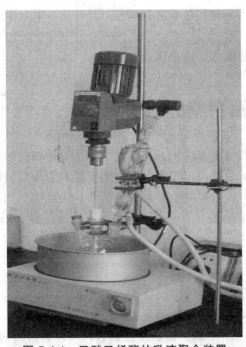

图 5.4.1　乙酸乙烯酯的乳液聚合装置

（2）另在装有搅拌器、冷凝管和温度计的三颈瓶（见图 5.4.1）中加入 30 mL 聚乙烯醇溶液，0.8 mL OP-10 乳化剂，12 mL 蒸馏水，5 mL 乙酸乙烯酯和 2 mL KPS 水溶液。

（3）开动搅拌加热水浴，控制反应温度为 68～70 ℃，在约 2 h 内由冷凝管上端用滴管分次滴加完剩余的单体和引发剂。

（4）保持温度反应到无回流时，逐步将反应温度升到 90 ℃，继续反应至无回流时撤去水浴。

（5）将反应混合物冷却至约 50 ℃，加入 10% 的 $NaHCO_3$ 水溶液，调节体系的 pH 为 2～5，经充分搅拌后，冷却至室温，出料。

（6）观察乳液外观，称取约 4 g 乳液，放入烘箱在 90 ℃ 温度下干燥，称取残留的固体质量，计算固含量。

$$固含量 =（固体质量/乳液质量）×100\%$$

（7）在 100 mL 量筒中加入 10 mL 乳液和 90 mL 蒸馏水搅拌均匀后，静置一天，观察乳胶粒子的沉降量。

5.4.6　实验报告

（1）绘出本实验的操作简图。
（2）写出大体实验步骤，以及实验结果。

5.4.7　讨论题

（1）乳化剂主要有哪些类型？各自的结构特点是什么？乳化剂浓度对聚合反应速率和产物分子量有何影响？
（2）要保持乳液体系的稳定，应采取什么措施？

5.5　黏度法测定聚合物的分子量

在所有聚合物分子量的测定方法中，黏度法尽管是一种相对的方法，但因该方法的仪器设备简单，操作便利，分子量适用范围大，又有相当好的实验精确度，所以成为人们最常用的实验技术。黏度法除了主要用来测定黏均分子量外，还可用于测定溶液中的大分子尺寸和聚合物的溶度参数等。

5.5.1　实验目的

（1）掌握测定聚合物溶液黏度的实验技术；
（2）掌握黏度法测定聚合物分子量的基本原理；
（3）测定聚苯乙烯（PS）-甲苯溶液的特性黏数，并计算所用的 PS 的黏均分子量。

5.5.2　实验原理

线型高分子溶液的基本特性之一是黏度比较大，并且其黏度值与平均分子量有关，因此，可利用这一特性测定其分子量。

黏度除与分子量有密切关系外，对溶液浓度也有很大的依赖性，故实验中首先要消除浓度对黏度的影响，常以如下两个经验公式表达黏度对浓度的依赖关系。Huggins 提出了比浓黏度与浓度的关系：

$$\frac{\eta_{sp}}{c} = [\eta] + k[\eta]^2 c \qquad (5\text{-}5\text{-}1)$$

图 5.5.1 为比浓黏度与浓度的关系。

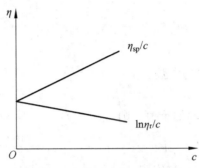

图 5.5.1　比浓黏度与浓度的关系

Kraemer 提出了比浓对数黏度与浓度的关系：

$$\ln \frac{\eta_r}{c} = [\eta] - \beta[\eta]^2 c \qquad (5\text{-}5\text{-}2)$$

其中，特性黏度$[\eta]$：

$$[\eta] = \lim_{c \to 0} \frac{\eta_{sp}}{c} = \lim_{c \to 0} \frac{\ln \eta_r}{c} \qquad (5\text{-}5\text{-}3)$$

特性黏度$[\eta]$是聚合物溶液的特性黏数，和浓度无关。由此可知，若以不同浓度下的η_{sp}/c和$\ln \eta_r/c$，用$\eta_{sp}/c\text{-}c$ 和 $\ln \eta_r/c\text{-}c$ 作图，外推至$c \to 0$，所得截距为特性黏度，这也可用来检查实验的可靠性。

当聚合物的化学组成、溶剂、温度确定后，$[\eta]$值只和聚合物的分子量有关，常用下式表达这一关系：

$$[\eta] = KM_\eta^\alpha \qquad (5\text{-}5\text{-}4)$$

式中，K 和 α 为常数，其值和聚合物、溶剂、温度有关，和分子量的范围也有一定的关系。

测定液体黏度的方法，主要可分为 3 类：① 液体在毛细管里的流出；② 圆球在液体里的落下速度；③ 液体在同轴圆柱体间对转动的影响。在测定聚合物的$[\eta]$时，以毛细管黏度计最为方便。液体在毛细管黏度计内因重力作用的流动，当液体受压力 P，在半径为 r 的细管中流动时，如果外力全部用来克服内摩擦力，液体的流动黏度可以用泊肃叶定律表示：

$$\eta = \frac{\pi P r^4 t}{8lV} \qquad\qquad（5\text{-}5\text{-}5）$$

式中　r——毛细管半径；

　　　V——流出液体体积；

　　　l——毛细管长度；

　　　t——流出时间；

　　　P——液体流动的重力。

　　流体流动中需要动能，进行修正得

$$\eta = \frac{\pi P r^4 t}{8lV} - m\frac{\rho V}{8\pi lt} \qquad\qquad（5\text{-}5\text{-}6）$$

式中　m——与黏度计形状有关的常数；

　　　ρ——溶液的密度。

　　P 为液体自 A 线向 B 线流动的重力，则

$$\eta = \frac{\pi \rho g h r^4 t}{8lV} - m\frac{\rho V}{8\pi lt} \qquad\qquad（5\text{-}5\text{-}7）$$

　　对同一黏度计，

$$\frac{\pi g h r^4}{8lV} = A, \quad \frac{mV}{8\pi l} = B$$

则
$$\eta = A\rho t - \frac{B\rho}{t} \qquad\qquad（5\text{-}5\text{-}8）$$

　　当毛细管足够细时，t 很长，则

$$\eta \approx A\rho t$$

因此
$$\eta_r = \frac{A\rho t}{A\rho_0 t_0} = \frac{\rho t}{\rho_0 t_0} \qquad\qquad（5\text{-}5\text{-}9）$$

　　对于高分子溶液 $\rho \approx \rho_0$，

$$\eta_r = \frac{t}{t_0} \qquad\qquad（5\text{-}5\text{-}10）$$

$$\eta_{sp} = \eta_r - 1 = \frac{t}{t_0} - 1 \qquad\qquad（5\text{-}5\text{-}11）$$

同理，也可求出 η_{sp}/c 和 $\ln\eta_r/c$。

　　把聚合物溶液加以稀释，测不同浓度溶液的流出时间，通过式（5-5-1）、（5-5-2）、（5-5-10）、（5-5-11），经浓度外推求得[η]值，再利用式（5-5-4）计算黏均分子量，该方法至少要测定 3 个以上不同浓度下的溶液黏度。

5.5.3　实验仪器、设备及材料

（1）实验仪器：三支管乌氏黏度计（见图5.5.2）、移液管、
恒温水槽和容量瓶；

（2）实验材料：聚苯乙烯（PS）和甲苯。

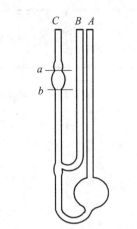

5.5.4　实验内容

用乌氏黏度计测定聚苯乙烯的分子量。

5.5.5　实验步骤及方法

1. 测定溶剂流出时间

图5.5.2　三支管乌氏黏度计

将恒温水槽调节至25 ℃，用铁夹夹好黏度计，放入恒温水
槽，使毛细管垂直于水面，使水面浸没下方的圆球。用移液管从
A 管注入20 mL溶剂，恒温10 min后，用夹子（或用手）夹住 B 管使不通气，而在 C 管上
用吸耳球抽气，使溶剂吸至 a 线上方的球一半时停止抽气。先把吸耳球取下，而后放开 B 管，
空气进入圆球，使毛细管内溶剂和 A 管下端的球分开，这时水平地注视液面的下降，用秒表
记录液面流经 a 和 b 线的时间，此即为 t_0。重复3次，误差不超过0.2 s，取其平均值作为 t_0。
然后倒出溶剂。

2. 溶液的配制

将一定量的PS，小心倒入容量瓶中，加入溶剂，置恒温水槽中恒温使其全部溶解，配制
成一定浓度的PS-甲苯溶液待用。

3. 溶液流出时间的测定

用移液管吸取15 mL溶液注入黏度计，用吸耳球向黏度计中吹气，使溶液混合充分后，
测定溶液的黏度，方法如1，测得溶液流出时间 t_1。然后再移入5 mL溶剂，将它混合均匀，
再用同法测定 t_2。同样操作再加入10 mL、10 mL、5 mL溶剂，分别测得 t_3，t_4，t_5，填入
表5.5.1中。

4. 清洗黏度计

将黏度计中的溶液倒出，按照少量多次的原则用丙酮进行清洗，清洗完毕后再加入甲苯
溶剂，测定溶剂流出时间 t'，如果 t' 与 t_0 相等，则表明已清洗干净。

5.5.6　实验报告

（1）数据记录在表5.5.1中。

表 5.5.1　实验数据记录表

试样（g）：　　　　　　溶剂：　　　　　　　　初始溶液浓度：

t	流出时间/s				η_r	$\ln\eta_r$	$\ln\eta_r/c$	η_{sp}	η_{sp}/c
	一	二	三	平均					
t_0									
t_1（$c = c_0$）									
t_2（$c = \dfrac{3}{4}c_0$）									
t_3（$c = \dfrac{1}{2}c_0$）									
t_4（$c = \dfrac{3}{8}c_0$）									
t_5（$c = \dfrac{1}{3}c_0$）									

（2）根据"外推法"，用 $\ln\eta_r/c$ 和 η_{sp}/c 对 c 作图，求特性黏数 $[\eta]$ = _____，M_η = _____。

5.5.7　讨论题

（1）用黏度法测定聚合物分子量的依据是什么？

（2）从手册上查 K 和 α 时要注意什么？为什么？

（3）外推求 $[\eta]$ 时，两条直线的张角与什么有关？

5.6　高聚物蠕变曲线和本体黏度的测定

5.6.1　实验目的

了解蠕变曲线各部分的意义，并求出本体黏度。

5.6.2　实验原理

蠕变是指在一定温度和较小的恒定外力（拉力，压力或扭力）作用下，材料的形变随时间的增加而增大的现象。观察蠕变现象实验条件是很重要的，温度过低，外力又小，蠕变小而且慢，不易观测；温度过高，外力又大，形变快，也不易观测。

不同的高聚物材料在同一实验条件下有不同的蠕变曲线，因此，研究蠕变可以帮助我们合理地选用高分子材料。

对于线型聚合物而言，有 3 种形变，如图 5.6.1 所示。

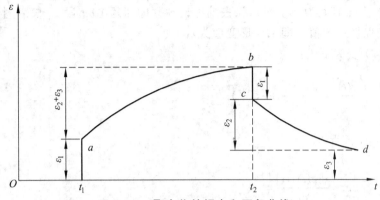

图 5.6.1　聚合物的蠕变和回复曲线

（1）材料受到外力的瞬间（作用速率很快时），材料的形变很小，当除去外力时立即恢复，此形变称为普弹形变，这是分子链内键长、键角的变化，形变大小用 ε_1 表示：

$$\varepsilon_1 = \frac{\sigma}{E_1} \tag{5-6-1}$$

式中　E_1——普弹模量；

　　　σ——应力。

此时，高聚物材料呈玻璃态的刚体特性。

（2）随着所施加外力时间的继续，分子链中链段开始运动，分子链沿应力方向逐渐伸展。形变较大，除去外力形变可逐渐恢复，此为高弹形变，用 ε_2 表示：

$$\varepsilon_2 = \frac{\sigma}{E_2}(1 - e^{-t/\tau}) \tag{5-6-2}$$

式中　E_2——高弹模量；

　　　τ——松弛时间。

高弹形变是时间的函数，时间足够长时，形变趋于平衡蠕变值，则

$$\varepsilon_2 = \frac{\sigma}{E_2}$$

（3）在外力作用下除上述两种形变外，由于分子间产生相对滑动而出现的形变，称为塑性形变，它是不可逆的，且形变与时间成直线关系，用 ε_3 表示：

$$\varepsilon_3 = \frac{\sigma}{\eta_3}t \tag{5-6-3}$$

式中　η_3——材料的本体黏度。

因此，线型聚合物材料的总的形变为

$$\varepsilon(t) = \varepsilon_1 + \varepsilon_2 + \varepsilon_3 = \frac{\sigma}{E_1} + \frac{\sigma}{E_2}(1 - e^{-t/\tau}) + \frac{\sigma}{\eta_3}t \tag{5-6-4}$$

当蠕变值达到 b 点（时间为 t_2）时，除去外力，ε_1 立即回复（bc 段），随着时间的延长，ε_3 不能回复，形变保持一定值，即永久形变值为 ε_3。

由式（5-6-4）变为下式：

$$\frac{\varepsilon(t)}{\sigma} = \frac{1}{E_1} + \frac{1}{E_2}(1 - e^{-t/\tau}) + \frac{t}{\eta_3} \qquad （5\text{-}6\text{-}5）$$

由于 $\lim\limits_{t \to \infty}(1 - e^{-t/\tau}) = 1$，所以

$$\lim_{t \to \infty} = \frac{d[\varepsilon(t)/\sigma]}{dt} = \frac{1}{\eta_3} \qquad （5\text{-}6\text{-}6）$$

在蠕变曲线上，当黏性流动达到"稳流态"时，从曲线的斜率可求得本体黏度；或者除去负荷后，因为黏性流动是不可逆的，也可以从回复曲线求得

$$\eta_3 = \frac{\sigma}{\varepsilon_3} \times t \qquad （5\text{-}6\text{-}7）$$

对于网状聚合物材料，由于分子间交联，分子间不发生滑动，则不存在塑性形变，只存在普弹形变和高弹形变。

5.6.3 实验仪器、设备及材料

（1）实验仪器：铁支架 1 个，铁夹 3 个，砝码 1 套，秒表 1 块；
（2）实验材料：聚氯乙烯（ϕ1 ~ 1.5 mm，长 15 cm）或聚氯乙烯薄膜（2.0 cm×20 cm）。

5.6.4 实验内容

用简易蠕变曲线测定装置测定高聚物的本体黏度。

5.6.5 实验步骤及方法

实验装置如图 5.6.2 所示，取 20 cm 长的一段聚氯乙烯薄膜（2.0 cm×20 cm），两端分别固定在样品夹 5 与 6 内，计下样品丝的长度，为形变的起点，样品丝下端悬挂 500 g 重的砝码，迅速读取瞬时形变和相应的时间 t_1。随着时间的增长，每隔 5 min 读一次形变，当形变随时间改变的变化率不变时（约 80 min 以后），便可以认为形变均为塑性形变所贡献，即可除去砝码，继续记录随时间变化的形变值，当形变不再随时间改变时（约 110 min 以后），实验结束。

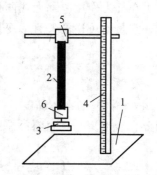

图 5.6.2　简易蠕变曲线测定装置

1—铁架台；2—样品；3—砝码；
4—刻度尺；5，6—样品夹

5.6.6 实验报告

（1）作刻度（ε）-时间（t）曲线。

（2）求算本体黏度 η_3，表 5.6.2 为实验数据表。

表 5.6.2 实验数据表

荷重：　　　　　　　温度：　　　　　　　实验日期：

	时间 t/min	
刻度尺读数	初始读数 L_0	
	t 时读数 L	
ΔL		
$\sum = \dfrac{\Delta L}{L_0}$		

面积：$A = \pi r^2 =$　　　　　　m²

拉力：$F = mg =$　　　　　　N

应力：$\sigma = F/A =$　　　　　　N/m²

本体黏度：$\eta = \dfrac{\sigma}{\dfrac{d\sum}{dt}} =$　　　　　　N·s/m²

5.6.7 讨论题

（1）测定高聚物蠕变曲线的意义是什么？

（2）如何通过高聚物的蠕变曲线测定它的本体黏度？

5.7 PVC 动态热稳定性的检验

5.7.1 实验目的

（1）了解 XSS-300 转矩流变仪的基本结构及适用范围；

（2）熟悉 XSS-300 转矩流变仪的工作原理及其实验方法；

（3）掌握 PVC 热稳定性的测试方法。

5.7.2 实验原理

高分子材料的成型过程，如塑料的压制、压延、挤出、注射等工艺，化纤抽丝，橡胶加工等过程，都是利用高分子材料熔体进行的。熔体受力作用，不但表现有流动和变形，而且这种流动和变形行为强烈地依赖于材料结构和外界条件，高分子材料的这种性质称为流变行为（即流变性）。测定高聚物熔体流变性质，根据施力方式不同，有多种类型的仪器，转矩流变仪是其中的一种。它由微机控制系统、混合装置（挤出机、混炼器）等组成。测量时，测试物料放入混合装置中，动力系统驱使混合装置的混合元件（螺杆、转子）转动，微处理机按照测试条件给予给定值，保证转矩流变仪在实验控制条件下工作。物料受混合元件的混炼、剪切作用以及摩擦热、外部加热作用，发生一系列的物理、化学变化。在不同的变化状态下，测试出物料对转动元件产生的阻力转矩、物料热量、压力等参数。其后，微处理机再将物料的时间、转矩、熔体温度、熔体压力、转速、流速等测量数据进行处理，得出图、表形式的实验结果。

利用转矩流变仪不同的转子结构、螺杆数、螺杆结构、挤出模具以及辅机，可以测量高分子材料在凝胶、熔融、交联、固化、发泡、分解等作用状态下的转矩-温度时间曲线，表现黏度-剪切应力（或剪切速率）曲线，了解成型加工过程中的流变行为及其规律；还可以对不同塑料的挤出成型过程进行研究，探索原材料与成型工艺、设备间的影响关系。

总之，对于成型工艺的合理选择，正确操作，优化控制，获得优质、高产、低耗制品以及为制造成型工艺装备提供必要的设计参数等，都有非常重要的意义。

高分子材料的流变性除受高聚物结构及有关复合物组成的影响外，采用混合器测量流变性质时的实验条件也是十分重要的影响因素。

5.7.3 实验仪器、设备及材料

（1）硬质 PVC 粒状复合物或混配物；

（2）R 类酚醛塑料粉，原材料要求：应干燥、不含有强腐蚀磨损性成分，材质、粒度均匀，粒径小于 3.2 mm；

（3）主要仪器设备：XSS-300 转矩流变仪（主要分 3 部分：主机、电气控制柜、混合或挤出装置）。

5.7.4 实验内容

用 XSS-300 转矩流变仪检验 PVC 的动态热稳定性。

5.7.5 实验步骤及方法

本实验采用转矩流变仪的混合装置进行。

1. 加料量

实验开始，物料自混合器上部的加料口加入混合室，受到上顶栓对物料施加的压力，并且通过转子外表面与混合室壁间的剪切、搅拌、挤压；转子之间的捏合、撕拉；轴向间的翻捣、捏练等作用，以连续变化的速度梯度和转子对物料产生的轴向力的变形实现物料的混炼、塑化。显然，混合室内的物料量不足，转子难于充分接触物料，达不到混炼、塑化的最佳效果。反之，加入的物料过量，部分物料集中于加料口，不能进入混合室塑化均匀或出现超额的阻力转矩，使仪器安全装置发生作用，停止运转，中断实验。若实验过程中，去除上顶栓对物料的施压作用，仪器转矩值变化不突出时，说明加料量合适。加料量应由混合室空间容积、转子容积、物料（固体或熔体）的密度以及加料系数来计算确定。此外，为了保证测试准确性和重现性，原料的粒度和材质应均匀。

2. 温度与转速

混合器加热温度应参考物料的熔融温度和成型温度。如果选择的温度过低，出现超额的阻力转矩会造成安全装置发生作用，使仪器停止运转。而温度过高时，高聚物的链段活动能力增加、体积膨胀、分子间相互作用减小，流动性增大，黏度随温度提高而降低。物料在混炼塑化过程中的微小变化不易显示出来，由此影响测试的准确性。对于 PS、PVC、PC 等高聚物，因为黏流活化能很大，熔体黏度对温度十分敏感，增加温度可大大降低熔体的黏度，应注意温度的控制与调节，使测试结果准确可靠。

一般来说，用近于生产条件的成型温度、螺杆转速作为测试仪器的加热温度、转子转速的条件下，所得到的物料转矩-温度-时间曲线更能预测或说明制品成型过程中发生的问题。此外，用动态热温定性实验研究材料热稳定效果时，用较高的温度和转速，使分解反应在较短时间内发生，则可以缩短实验时间。对于不同的高分子材料和不同的实验目的，必须选择最佳的条件，以求得可靠的实验结果。

3. 准备工作

（1）了解转矩流变仪的工作原理和技术规格以及安装、使用、清理的有关规定。

（2）根据实验需要，将所用的混合器与动力系统组装起来。

（3）接通动力电源和压缩空气，稳定电源在（220±10）V。

（4）按下式计算加料量，并用天平准确称量。

$$m_1 = (V_1 - V_0) \times \rho \times \alpha_0 \qquad\qquad (5\text{-}7\text{-}1)$$

式中　m_1——加料量，g；

V_1——混合器容量，cm^3；

V_0——转子体积，cm^3；

ρ——原材料的固体密度或熔体密度，g/cm^3；

α_0——加工系数，按固体、熔体密度计算为 0.655、0.8。

对于硬质 PVC，加料量应为 65 g 左右。

4. 操　作

（1）接通主机电源后，调节温度加热。

（2）当温度达到要求后，预热一段时间，然后加料，开始记录实验参数。

（3）当实验结束后，加入少量润滑剂，然后拆卸、清理混合器。

5.7.6 实验报告

（1）写出转矩流变仪测试高聚物的流变性的原理及测试时的各项实验条件。

（2）以实验所得数值、图形为例，讨论在高聚物结构研究、材料配方选择、成型工艺条件控制、成型机械及模具设计等方面的应用。

5.7.7 讨论题

（1）哪些主要因素将影响高聚物的流变性质？

（2）测试物料及实验过程如何保证实验结果的可靠性？

（3）试比较毛细管流变仪和转矩流变仪各自的特点？

5.8 用膨胀计法测定聚苯乙烯的玻璃化温度

5.8.1 实验目的

掌握用膨胀计法测定高聚物玻璃化温度的方法，了解升温速率对玻璃化温度的影响。

5.8.2 实验原理

高聚物由高弹态向玻璃态转化时或由玻璃态向高弹态转化时的温度，称为玻璃化温度，一般用 T_g 表示，在此温度时高聚物的许多性能，如膨胀系数、比热、导热系数、密度等均会发生突变。

测定 T_g 的方法很多，膨胀计法是最为简单的一种。高聚物的膨胀系数在 T_g 时会发生突变，使体积与温度的关系曲线上出现转折点，本实验就是用以高聚物的体积-温度关系曲线来测定高聚物的玻璃化温度。高聚物的玻璃化转变是一个松弛过程，因此，玻璃化温度不是一个确定值，而是随测定方法及升温速率而改变。升温速率快时，所测定值偏高，反之就偏低。用膨胀计测定高聚物的玻璃化温度时，升温速度一般控制在 5 ℃/min。

5.8.3 实验仪器、设备及材料

膨胀计、加热器、水浴、温度计（0~150 ℃）、滴管、聚苯乙烯（粒状）、乙二醇。

5.8.4 实验内容

用膨胀计法测定聚苯乙烯的玻璃化温度。

5.8.5 实验步骤及方法

（1）洗净膨胀计，烘干后装入 1.5 g 聚苯乙烯。

（2）用滴管加入乙二醇作为介质，用玻璃棒搅拌，使膨胀计的样品瓶内没有气泡。继续加入乙二醇至样品瓶颈部，插入毛细管，使毛细管内乙二醇的液面升至 5 cm 左右即可，磨口接头处用弹簧固定。注意瓶内不能留有气泡，如有气泡必须重装。

（3）将装好的膨胀计浸入水浴，升温速率为 5 ℃/min。

（4）读取水浴温度和毛细管内乙二醇液面的高度，每升高 5 ℃，读数一次，在 55～80 ℃ 每升高 2 ℃ 读取一次，直到 90 ℃。

（5）膨胀计冷却后，改变升温速率为 2 ℃/min，重复操作一次。

5.8.6 实验报告

（1）将所得数据列表处理。

（2）作体积-温度曲线图，以毛细管内压面膨胀的体积高度（h）为纵坐标，以温度为横坐标画图，从曲线的外延线交点求两种不同升温速度时的玻璃化温度。

5.8.7 讨论题

（1）影响玻璃化温度（T_g）值的因素有哪些？

（2）选择介质需要符合哪些条件？

5.9 聚合物拉伸强度和断裂伸长率的测定

5.9.1 实验目的

通过实验了解聚合物材料拉伸强度及断裂伸长率的意义，熟悉它们的测试方法；并通过测试应力-应变曲线来判断不同聚合物材料的力学性能。

5.9.2 实验原理

为了评价聚合物材料的力学性能，通常用等速施力下所获得的应力-应变曲线来进行描述。这里所谓应力是指拉伸力引起的在试样内部单位截面上产生的内力；而应变是指试样在外力作用下发生形变时，相对其原尺寸的相对形变量。不同种类聚合物有不同的应力-应变曲线，如图 5.9.1 所示。

从曲线的形状以及 σ_t 和 ε_t 的大小，可以看出材料的性能，并借以判断它的应用范围。从 σ 的大小，可以判断材料的强与弱；从 ε 的大小，更正确地讲是从曲线下的面积大小，可判断材料的脆性与韧性。从微观结构看，在外力的作用下，聚合物产生大分子链的运动，包括分子内的键长、键角变化，分子链段的运动，以及分子间的相对位移。沿力方向的整体运动（伸长）是通过上述各种运动来达到的。由键长、键角产生的形变较小（普弹形变），

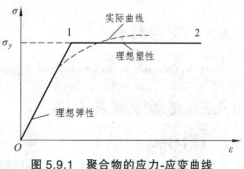

图 5.9.1 聚合物的应力-应变曲线

而链段运动和分子间的相对位移（塑性流动）产生的形变较大。材料在拉伸到破坏时，链段运动或分子位移达到所需要的能量，这些运动就能发生。形变越大，材料的韧性就越大。如果要使材料产生链段运动及分子位移所需要的负荷较大，材料的强度和硬度就较大。

对于结晶形聚合物，当结晶度非常高时（尤其当晶相为大的球晶时），会出现聚合物脆性断裂的特征。总之，当聚合物的结晶度增加时，模量将增加，屈服强度和断裂强度也增加，但屈服形变和断裂形变却减小。

聚合物晶相的形态和尺寸对材料性能影响也很大。同样的结晶度，如果晶相是由很大的球晶组成，则材料表现出低强度、高脆性的倾向。如果晶相是由很多的微晶组成，则材料的性能有相反的特征。

另外，聚合物分子链间的化学交联对材料的力学性能也有很大的影响，这是因为有化学交联时，聚合物分子链之间不可能发生滑移，黏流态消失。当交联密度增加时，对于 T_g 以上的橡胶态聚合物来说，其抗张强度增加，断裂伸长率下降。交联率很高时，聚合物成为三维网状链的刚性结构。因此，只有在适当的交联度时，抗张强度才有最大值。

综上所述，材料的组成、化学结构及聚集态结构都会对应力与应变产生影响。应力-应变实验所得的数据也与温度、湿度、拉伸速度有关，因此，应规定一定的测试条件。

5.9.3　实验仪器、设备及材料

WDW-10A 型微机控制电子万能试验机。该仪器最大测量负荷 10 kN，速度 0.01～500 mm/min，试验类型有拉伸、压缩、弯曲、剪切等。WDW-10A 型微机控制电子万能试验机如图 5.9.2 所示。

图 5.9.2　WDW-10A 型微机控制电子万能试验机

5.9.4　实验内容

用 WDW-10A 型微机控制电子万能试验机测定聚合物拉伸强度和断裂伸长率。

5.9.5　实验步骤及方法

（1）试样制备。

拉伸实验中所用的试样，依据不同材料可按国家标准 GB 1040—70 加工成不同的形状和尺寸。每组试样应不少于 5 个。试验前，需对试样的外观进行检查，试样应表面平整，无气泡、裂纹、分层和机械损伤等缺陷。另外，为了减小环境对试样性能的影响，应在测试前将试样在测试环境中放置一定时间，使试样与测试环境达到平衡。一般试样越厚，放置时间应越长，具体按国家标准规定进行。

取合格的试样进行编号，在试样中部量出 10 cm 为有效段，做好记号。在有效段均匀取 3 点，测量试样的宽度和厚度，取算术平均值。对于压制、压注、层压板及其他板材测量精确到 0.05 mm；软片测量精确到 0.01 mm；薄膜测量精确到 0.01 mm。

（2）接通试验机电源，预热 30 min。

（3）选择试验方式（拉伸方式）和拉伸速度（拉伸速度应为使试样能在 0.5～5 min 试验时间内断裂的最低速度。本实验试样为 PET 薄膜，可采用 100 mm/min 的速度）。

（4）分别调整试验机负荷测量单元和变形测量单元的零点，然后分别调整两个单元的标定值旋钮，使显示的标定值与原机标定值一致。

（5）选择合适的夹具，按上、下键将上、下夹具的距离调整到 10 cm。并调整自动定位螺丝将距离固定。

（6）样品在上、下夹具上夹牢。夹试样时，应使试样的中心线与上、下夹具中心线一致。

（7）选择 X、Y 记录仪的量程，调整零点，打下记录笔。

（8）按横显调零键，横梁位移复零。按仪器的上升（拉伸）键开始拉伸，接着按最大值保持键以记录最大拉伸力，同时在记录仪上画出载荷-变形曲线。

（9）试样断裂时，拉伸自动停止（如不能自动停止，则按下停止键），从应力负荷/变形显示窗口读取最大负荷值，从横梁位移窗口读取拉伸伸长值（如果试样破坏发生在明显内部缺陷处，或破坏发生在非有效部分，结果应予作废）。

（10）按下下降键，使动横梁回复到原来位置，重复操作 5～8 次，测量下一个试样。

5.9.6　实验报告

（1）断裂强度 σ_t 的计算：

$$\sigma_t = [P/(bd)] \times 10^4 \tag{5-9-1}$$

式中　P——最大破坏载荷，N；

　　　b——试样宽度，cm；

　　　d——试样厚度，cm。

（2）断裂伸长率 ε_t 的计算：

$$\varepsilon_t = [(L - L_0)/L_0] \times 100\% \tag{5-9-2}$$

式中　L_0——试样的初始标线间的有效距离，cm；

　　　L——试样断裂时标线间的有效距离，cm。

5.9.7　讨论题

如何根据聚合物材料的应力-应变曲线来判断材料的性能？

6 新型建材专业实验

6.1 建筑材料标准收集与阅读

6.1.1 实验目的

（1）了解获取建筑材料原料及产品相关技术标准和测试方法的来源和渠道；
（2）了解建筑材料标准在生产实际中的意义；
（3）掌握标准撰写的一般格式与内容组成。

6.1.2 实验原理

建筑材料的生产和产品性能检测都要依据一定标准。标准是由一个公认的机构制定、批准的对活动或对活动的结果规定了规则、导则或特性的文件，可供共同和反复使用，以实现在预定结果领域内的最佳秩序和效益。

我国的技术标准共分为四级，即国家标准、部级标准、地方标准和企业标准。表 6.1.1 列出了我国技术标准和较为常用的几种国际标准。

表 6.1.1 标准种类介绍

标准名称	代 号
国家标准	国家技术监督局发布的全国性技术指导性文件，代号为 GB
部级标准	由主管生产部或局发布的全国性技术指导性文件，代号按部名而定
地方标准	地方主管部门发布的地方性指导性文件，代号为 DB
企业标准	由生产企业制定的，仅适用于本企业内部，代号为 QB
通用国际标准	代号 ISO
美国材料实验学会标准	代号 ASTM
日本工业标准	代号 JIS

6.1.3 实验设备

因特网，计算机。

6.1.4 实验内容

收集、了解建筑材料相关标准，并熟悉其在实践中的使用。

6.1.5 实验步骤及方法

（1）网上查阅。
① 建筑材料标准的收集（自选）。
② 建筑涂料的标准收集（自选）。
③ 根据实验内容，收集其他相关标准。
（2）图书馆收集。
（3）其他方法收集。

6.1.6 实验报告

（1）打印 1 份关于建筑石膏的标准。
（2）打印 1 份关于建筑涂料的标准。
（3）打印 1 份关于加气混凝土砌块的标准。

6.1.7 讨论题

（1）你在学习标准过程中有哪些体会？
（2）技术标准一般有哪些主要特点？

6.2 氧指数测定

6.2.1 实验目的

（1）熟悉 HC-2C 型氧指数测定仪的结构和工作原理；
（2）评价常见建筑材料的燃烧性能。

6.2.2 实验原理

氧指数（OI）是指在规定的试验条件下，试样在氧、氮混合气流中，维持平稳燃烧（即进行有焰燃烧）所需的最低氧气浓度，以氧所占的体积百分数的数值表示（即在该物质引燃后，能持续燃烧 50 mm 或 3 min 时所需要的氧、氮混合气体中氧的最低体积分数）。OI 可有效用于判断材料在空气中与火焰接触时燃烧的难易程度。建筑材料燃烧性能指材料燃烧或遇火时所发生的一切物理、化学变化，常分为不燃材料、难燃材料、可燃材料和易燃材料。一般认为，OI<27 的属易燃材料，27≤OI<32 的属可燃材料，OI≥32 的属难燃材料。

把一定尺寸的试样用试样夹垂直夹持于透明燃烧筒内，并通入向上流动的氧、氮气流。点着试样的上端，注意观察随后的燃烧现象，记录燃烧时间、燃烧长度和气流流量，并计算氧指数。

6.2.3　实验仪器、设备及材料

（1）实验仪器：HC-2C 型氧指数测定仪。该仪器适用于塑料、橡胶、纤维、泡沫塑料及各种固体的燃烧性能的测试。其性能指标如下所示。

环境温度：室温 ~ 40 ℃；

相对湿度：≤70%；

电源电压：AC（220±10）V；

最大使用功率：0.5 kW；

气源：工业用氮气、氧气，纯度>99%。

该仪器由燃烧筒、试样夹、流量控制系统及点火器组成。燃烧筒为一耐热玻璃管，高 450 mm，内径 75 ~ 80 mm，筒的下端插在基座上，基座内填充直径为 3 ~ 5 mm 的玻璃珠，填充高度 100 mm，玻璃珠上放置一金属网，用于遮挡燃烧滴落物。试样夹为金属弹簧片，对于薄膜材料，应使用 140 mm×38 mm 的 U 形试样夹。流量控制系统由压力表、稳压阀、调节阀、转子流量计及管路组成。点火器是一内径为 1 ~ 3 mm 的喷嘴，火焰长度可调，试验时火焰长度为 10 mm。

（2）实验材料：聚氯乙烯（PVC）、聚乙烯（PE）、涤纶、羊毛等，每组应制备 10 个标准试样。每个试样尺寸（长×宽×高）为 120 mm×(6.5±0.5) mm×(3.0±0.5) mm。

6.2.4　实验内容

选择无毒无味的试样。试样剪裁标准：表面平整、清洁、光滑。然后测定试样的氧指数。实验过程中要注意：① 氧、氮气流量调节要得当，压力表指示处于规定范围，禁止使用过高气压，以防损坏设备；② 流量计、玻璃筒为易碎品，实验操作应认真、小心，谨防打碎；③ 实验室注意通风和具备防火设施。

6.2.5　实验步骤

（1）检查气路，确定各部分连接无误，无漏气现象。

（2）确定实验开始时的氧浓度。根据经验或试样在空气中点燃的情况，估计开始实验时的氧浓度。如试样在空气中迅速燃烧，则开始实验时的氧浓度为 18% 左右；如在空气中缓慢燃烧或时断时续，则为 21% 左右；在空气中离开点火源马上熄灭，则至少为 25%。

（3）安装试样。将试样夹在夹具上，垂直安装在燃烧筒的中心位置上，保证试样顶端低于燃烧筒顶端至少 100 mm，罩上燃烧筒。

（4）流量调节。开启氧、氮气钢瓶阀门，调节减压阀压力为 0.2 ~ 0.3 MPa，然后开启氮气和氧气管道阀门，并调节稳压阀，仪器压力表指示压力为（0.1±0.01）MPa，保持该压力不变。调节流量调节阀，通过转子流量计读取数据，得到稳定流速的氧、氮气流。

（5）点燃试样。用点火器从试样的顶部中间点燃，在确认试样顶端全部着火后，立即移去点火器，开始计时或观察试样烧掉的长度。点燃试样时，火焰作用的时间最长为 30 s，若在 30 s 内不能点燃，则应增大氧浓度，继续点燃，直至 30 s 内点燃为止。

（6）确定临界氧浓度的大致范围。点燃试样后，立即开始计时，观察试样的燃烧长度及燃烧行为。若燃烧终止，但在 1 s 内又自发再燃，则继续观察和计时。如果试样的燃烧时间超过 3 min，或燃烧长度超过 50 mm（满足其中之一），说明氧的浓度太高，必须降低；反之则说明氧不足。此即为所确定的临界氧浓度的大致范围。

6.2.6　实验报告

根据上述实验数据计算试样的 OI，取氧不足的最大氧浓度值和氧过量的最小氧浓度值两组数据计算平均值，然后根据氧指数值评价材料的燃烧性能，并将结果填入表 6.2.1 中。

表 6.2.1　氧指数测定结果

实验次数	氧浓度/%	氮浓度/%	燃烧时间/s	燃烧长度/mm	OI	性能评价
1						
2						
3						
4						
5						
6						
7						
8						
9						
10						

6.2.7　讨论题

（1）如何表征建筑材料的燃烧性能？
（2）HC-2C 型氧指数测定仪对材料外观的要求是什么？

6.3　混凝土常规性能检验

6.3.1　实验目的

（1）了解混凝土性能测定意义；

（2）掌握混凝土拌和及试件成型方法；

（3）熟练使用仪器。

6.3.2　实验仪器、设备及材料

试模、振动台、数显压力试验机、养护箱、坍落度筒、捣棒、直尺、小铲、镘刀、筛子等。图 6.3.1 为坍落度筒和捣棒示意图。

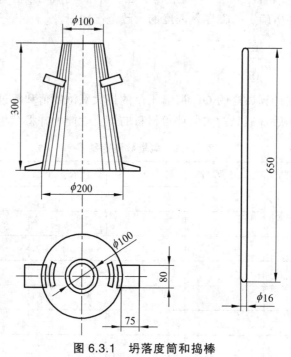

图 6.3.1　坍落度筒和捣棒

6.3.3　实验内容

1. 混凝土强度测定

（1）实验原理。

混凝土立方体抗压强度标准值系指按照标准方法制作养护的边长为 150 mm 的立方体试件，在 28 天龄期用标准试验方法测得的具有 95% 保证率的抗压强度。

（2）实验步骤。

① 混凝土配合比设计。

学生自行设计。

② 试件的制作。

成型前，应检查试模尺寸并符合本标准的有关规定；试模内表面应涂一薄层矿物油或其他不与混凝土发生反应的脱模剂。根据混凝土拌和物的稠度确定混凝土成型方法，坍落度不大于 70 mm 的混凝土宜用振动振实；大于 70 mm 的混凝土则宜用捣棒人工捣实。

一般而言，混凝土试件尺寸越大，内部出现缺陷的几率也越大。因此，为了测试结果的可比性，国标规定了不同混凝土试件尺寸的换算系数，如表 6.3.1 所示。

表 6.3.1 不同混凝土试件尺寸的换算系数

粗骨料最大粒径/mm	试件尺寸/mm	结果乘以换算系数
31.5	100×100×100	0.95
40	150×150×150	1.00
60	200×200×200	1.05

③ 养护。

试件成型后，应立即用不透水的塑料薄膜覆盖其表面。采用标准养护的试件，应在温度为（20±1）℃ 的环境中静置 1 昼夜至 2 昼夜，然后编号、拆模。拆模后应立即放入温度为（20±1）℃、相对湿度为 95% 以上的标准养护室中养护，标准养护龄期为 28 天。

（3）实验报告。

立方体抗压强度试验结果在压力机显示屏上读出，并根据截面面积计算出压强，用 MPa 表示。结果记入表 6.3.2 中。

2. 普通混凝土拌和物工作性（和易性）

（1）实验原理。

通过测定骨料最大粒径不大于 37.5 mm、坍落度值不小于 10 mm 的塑性混凝土拌和物坍落度，同时评定混凝土拌和物的黏聚性和保水性，为混凝土配合比设计、混凝土拌和物质量评定提供依据；掌握 GB/T 50080—2002《普通混凝土拌和物性能实验方法标准》的测试方法，正确使用所用仪器与设备，并熟悉其性能。

（2）实验步骤。

① 实验前，用湿布润湿坍落度筒、拌和钢板及其他用具，并把筒放在不吸水的刚性水平底板上，然后用脚踩住两个脚踏板，使坍落度筒位置保持固定。

② 取拌好的混凝土拌和物 15 L，用小铲分 3 层均匀地装入筒内，使捣实后每层高度为筒高的 1/3 左右。每层用捣棒沿螺旋方向在截面上由外向中心均匀插捣 25 次。插捣筒边混凝土时，捣棒可以稍稍倾斜。插捣底层时，捣棒应贯穿整个深度。插捣第二层和顶层时，捣棒应插透本层至下一层的表面。浇灌顶层时，混凝土应灌到高出筒口。插捣过程中，如混凝土沉落到低于筒口，则应随时加料，顶层插捣完毕后，刮去多余混凝土，并用镘刀抹平。

③ 清除筒边底板上的混凝土后，垂直平稳地提起坍落度筒。坍落度筒的提离过程应在 5 ~ 10 s 内完成。从开始装料到提起坍落度筒的整个过程应不间断地进行，并在 150 s 内完成。

（3）实验结果。

① 坍落度值测定。

a. 提起坍落度筒后，立即测量筒高与坍落后混凝土试体最高点之间的高度差，即为该混凝土拌和物的坍落度值。混凝土拌和物坍落度以 mm 为单位，结果精确至 1 mm，图 6.3.2 为坍落度实验示意图。

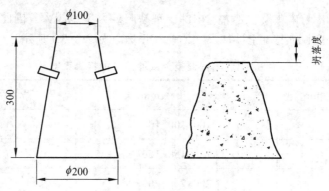

图 6.3.2　坍落度实验示意图

b. 坍落度筒提离后，如混凝土发生崩坍或一边剪坏现象，则应重新取样再测定。如第二次实验仍出现上述现象，则表示该混凝土拌和物和易性欠佳，应予以记录备查。

② 黏聚性和保水性的评价。

a. 用捣棒在已坍落的混凝土锥体侧面轻轻敲打，此时，如果锥体逐渐下沉，则表示黏聚性良好，如果锥体倒塌、部分崩裂或出现离析现象，则表示黏聚性不好。

b. 保水性以混凝土拌和物中稀浆析出的程度来评定。如坍落度筒提起后无稀浆或仅有少量稀浆自底部析出，则表示此混凝土拌和物保水性良好；坍落度筒提起后如有较多的稀浆从底部析出且锥体部分的混凝土也因失浆而骨料外露,则表明此混凝土拌和物的保水性能欠佳。

③ 和易性的调整。

a. 当坍落度低于设计要求时，可在保持水灰比不变的前提下，适当增加水泥浆量。

b. 当坍落度高于设计要求时，可在保持砂率不变的条件下，增加骨料的用量。

c. 当出现含砂量不足，黏聚性、保水性不良时，可适当增加砂率，反之则减小砂率。

（4）实验报告。

将测定结果填入表 6.3.2 中。实验过程中需拍照以记录实验现象。

表 6.3.2　普通混凝土和易性记录

学生姓名：　　　　　　　　指导教师姓名：

配比	坍落度/mm	保水性	黏聚性	和易性评价	强度/MPa

6.3.4　讨论题

（1）影响混凝土拌和性的因素主要有哪些？

（2）混凝土凝结时间和所用水泥凝结时间相同吗，如何测定？

（3）混凝土强度测定的标准依据是什么？

（4）养护对混凝土有何意义？室外混凝土如何养护为佳？

6.4 保温材料制备工艺

6.4.1 实验目的

（1）了解保温材料的保温原理和性能检测方法；

（2）掌握利用固体废渣生产保温材料的设计原则；

（3）根据实验室提供原料，学会制作一种保温制品。

6.4.2 实验仪器、设备及材料

（1）实验仪器：搅拌机、导热系数测定仪等；

（2）实验材料：水泥、膨胀珍珠岩、水、建筑石膏、粉煤灰、发泡剂、150 mm×150 mm 的模具等。

6.4.3 实验原理

保温隔热材料具有疏松、多孔、质轻的特点。通过提高制品内部的微小孔隙率降低导热系数，实现保温隔热的目的。

6.4.4 实验内容

（1）建筑材料绿色工艺设计原则。

建筑材料的生产不但消耗大量的资源和能源，同时会产生大量的废水、废气、废渣、粉尘及噪声，严重污染环境，同时也给生产者和使用者的健康带来不利影响。

为适应新形势下高性能、多功能、轻质、复合新型建筑材料的发展趋势，在建筑材料实验教学设计中及时更新拓展教学内容，将环境、资源、能源问题引入教学中，遵循绿色设计原则，激发学生实验课的兴趣，为培养学生具有创新能力提供了实践操作的平台。

建筑材料绿色工艺设计原则：

① 资源、能源利用最小化原则。

② 环境污染零负荷原则。

③ 工艺设计先进性原则。

④ 安全防护性原则。

（2）制品成型。

6.4.5 实验步骤及方法

1. 配比设计（仅供参考，学生也可自行设计）

膨胀珍珠岩保温材料制品：

$V_{水泥}:V_{膨胀珍珠岩}:V_{水}=1:5:4$，$V_{建筑石膏}:V_{膨胀珍珠岩}:V_{水}=1:5:6$。

泡沫混凝土：

$V_{水泥}:V_{粉煤灰}=3:2$，泡沫剂 4 mL，水 500 mL。

图 6.4.1 为泡沫混凝土，图 6.4.2 为石膏膨胀珍珠岩。

图 6.4.1　泡沫混凝土

图 6.4.2　石膏膨胀珍珠岩

2. 工艺流程

称量→打泡→倒入物料→搅拌→浇注→养护→脱模→测试。

6.4.6　实验报告

以每位同学成型后制品的质量好坏评价实验成绩。

6.4.7　讨论题

（1）实验过程产生的废料如何处置？

（2）分析评价产品性能的指标有哪些？

6.5　建筑材料着装与涂装

6.5.1　实验目的

（1）认识装饰材料着装与涂装的区别；

（2）掌握丝网印刷工艺流程和陶瓷壁画制作流程；

（3）学会制作简单彩绘玻璃作品。

6.5.2　实验仪器、设备及材料

（1）实验仪器：高温炉、绷网机、烘干箱、聚氨酯刮板、上浆器等；

（2）实验材料：玻璃 10 mm×10 mm、白色瓷砖、180 目涤纶丝网、重氮感光材料、菲林底片、紫外线烘烤灯、玻璃油墨、釉料、丙烯酸颜料、铝合金框或木框等。

6.5.3　实验原理

对建筑材料表面装饰，实现美观功能。装饰方法有多种，以丝网印刷和彩绘来装饰材料。

6.5.4　实验内容

（1）网版制作及承印物印刷；
（2）彩绘玻璃的制作。

6.5.5　实验步骤及方法

以丝网印刷和彩绘玻璃为例。工艺流程仅供参考，具体实验过程，同学可自行设计。

丝网印刷工艺流程：

原稿的选取→出菲林底片→制作网版→印刷→烘烤→冷却。

彩绘玻璃工艺流程：

玻璃清洗→烘干→底稿绘制→涂色。

图 6.5.1～6.5.4 为丝网印刷和彩绘玻璃作品。

图 6.5.1　丝网印刷中国馆

图 6.5.2　网版和福作品

图 6.5.3　彩绘玻璃

图 6.5.4　陶瓷壁画

6.5.6 实验报告

（1）学生通过资料查阅，写出实验预习报告。

（2）以印刷作品的质量评定实验成绩。

6.5.7 讨论题

（1）传统建筑材料的装饰方法有哪些？

（2）该实验遵循的设计原则是什么？

6.6 墙体材料制备

6.6.1 实验目的

（1）设计一种新型绿色墙体材料产品；

（2）掌握导热系数和表观密度的测定方法。

6.6.2 实验仪器、设备及材料

（1）实验仪器：搅拌机、导热系数测定仪等；

（2）实验材料：水泥、水、磷石膏、石灰、粉煤灰、铝粉、纯碱等。

6.6.3 实验原理

以加气混凝土为例。以硅质材料（如砂、粉煤灰及含硅尾矿等）和钙质材料（石灰、水泥）为主要原料，掺加发气剂（铝粉），通过配料、搅拌、浇注、养护、脱模、测试等工艺过程制成轻质多孔的硅酸盐制品。

6.6.4 实验内容

（1）加气混凝土的配合比设计。

（2）加气混凝土的成型。

6.6.5 实验步骤及方法

1. 配比设计（仅供参考，学生也可自行设计）

加气混凝土制品：

水泥 41.4%，水 31.6%，石灰 13%，磷石膏 3.5%，粉煤灰 7%，铝粉 3.5%。

2. 工艺流程

称量→混合搅拌制浆→浇注→发气→脱模→测试。

6.6.6 实验报告

（1）以制作产品质量评定成绩。
（2）学生通过资料查阅，自行写出实验预习报告。

6.6.7 讨论题

（1）选取实验原料的依据主要有哪些？
（2）影响加气混凝土发气的主要因素是什么？

6.7 建筑涂料制备

6.7.1 实验目的

（1）掌握建筑涂料的性能指标；
（2）掌握涂-4黏度计的使用方法。

6.7.2 实验原理

涂料黏度可有效表征其流动性。为了实现性能优良的膜层，需要严格控制涂料黏度大小。涂料黏度过小，漆膜容易流挂，黏度过大则会出现流平性较差的现象，涂料的黏度直接影响其施工性能。

6.7.3 实验仪器、设备及材料

（1）实验仪器：涂-4黏度计、刮板、秒表等；
（2）实验材料：白色丙烯酸涂料、硅酸钠分析纯、聚酰胺分析纯、碳酸钙分析纯等。

涂料黏度测试主要有涂-4黏度计法和斯托默黏度计法两种，其测试结果的表示方法也有所不同。涂-4黏度计如图6.7.1所示。

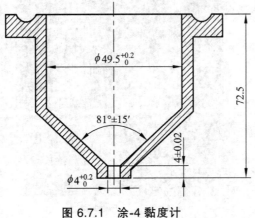

图 6.7.1　涂-4黏度计

6.7.4　实验内容

（1）制备无机涂料和彩色涂料。
（2）测定涂料黏度。

6.7.5　实验步骤及方法

（1）涂料的制备：$V_{硅酸钠}：V_{聚酰胺}：V_{碳酸钙} = 5：1：4$，水 250 mL。

称量物料并混合均匀，加水搅拌，静停 20 min 后，即可测定涂料黏度，如图 6.7.2 所示。根据比色卡，将色浆加入丙烯酸涂料中，搅拌混合即可成为彩色涂料。

图 6.7.2　实验准备

（2）涂料黏度测定，如图 6.7.3 所示。

图 6.7.3　涂料测试

① 用溶剂（本实验中为水）将黏度计内部擦干净，保持漏嘴干净，调整水平螺钉，使黏度计处于水平位置。

② 用手指堵住漏嘴孔，将试样倒满黏度计，用玻璃棒将气泡和多余的试样刮入凹槽。

③ 放开手指，使试样流出，同时立即开动秒表，当试样流丝中断时立即停止秒表。

6.7.6 实验报告

试样从黏度计流出的全部时间即为试样的黏度，两次测定值之差不应大于平均值的 3%。测定时，试样温度为（25±1）℃。

6.7.7 讨论题

（1）实验温度对涂料黏度值有什么影响？

（2）试分析实验操作对实验结果的影响。

7　水泥制备及测试实验

7.1　水泥熟料的制备

此实验旨在模拟水泥熟料的生产工艺实际过程，让学生在实验室内学会有关水泥熟料的组成设计、原料选择、配方计算、熟料煅烧、水泥制备等全过程的实验方法。

7.1.1　实验目的

（1）通过实验掌握球磨法制备水泥熟料粉体的实验知识；

（2）使学生通过水泥熟料制备实验过程，学习和掌握有关水泥材料实验方法的同时，学习不同品种水泥熟料制备和矿物研究的方法。

7.1.2　实验原理

水泥熟料主要由石灰石、黏土和铁粉这 3 种原料按一定比例配合后磨制成粉末状生料。生料经过在炉窑内的连续加热，使其经过一系列的物理、化学变化变成熟料。水泥生料在炉内煅烧成熟料的过程，可划分为以下几个阶段：

1. 水分蒸发阶段

这个阶段含两个过程，一是生料入炉后温度升至 100～150 ℃ 时，生料吸附水几乎全部被蒸发掉，这个过程称为干燥过程；二是生料干燥后随着煤的燃烧放热将物料温度升至 450 ℃ 时，原料构成之一的黏土失去结晶水，变成游离的无定型的 Al_2O_3 和 SiO_2。这两个过程均为吸热过程。

2. 碳酸盐分解阶段

炉窑内温度升至 600 ℃ 以上时，生料中的碳酸盐开始分解。

3. 固相反应阶段

这一阶段是生成部分水泥熟料矿物的阶段。

4. 水泥熟料烧成阶段

水泥熟料的主要成分是 C_3S，需在液相中形成，为此炉窑温度需继续升高。当温度升至

1 450 ℃ 时，C_3S 的生成反应速度最快。因此，为保证 C_3S 的生成温度，使它在水泥熟料中占据较大比重，提高水泥质量，要控制好这个阶段的窑温在 1 300 ~ 1 450 ~ 1 300 ℃。

5. 水泥熟料冷却阶段

当温度降至 1 300 ℃ 时，C_3S 的形成终止，此后温度再下降便进入了冷却阶段。

水泥原料的混合生料经以上 5 个阶段就转变成了水泥熟料，再经一些必要的处理就成为建筑用的水泥。

引用标准：硅酸盐水泥熟料制备的国家标准为 GB/T 21372—2008。

7.1.3 实验仪器、设备及材料

（1）实验仪器：颚式破碎机（PE100×150）（见图 7.1.1）、试验磨（QM 系列）、球磨机（见图 7.1.2）、成型机、高温炉（见图 7.1.3）；

（2）实验材料：石灰石、黏土页岩、铁粉（或钢渣）、外加剂、石膏与混合材料等。

图 7.1.1 颚式破碎机（PE100×150）

图 7.1.2 ϕ500×500 球磨机实体图

图 7.1.3　高温炉

7.1.4　实验内容

（1）硅酸盐水泥熟料的化学成分、矿物组成设定，如表 7.1.1 所示。

（2）水泥熟料配方设计。

（3）水泥熟料制备综合实验方案设计和煅烧工艺制度的确定。

（4）硅酸盐水泥熟料煅烧。

（5）水泥粉体的制备。

表 7.1.1　水泥熟料基本化学要求

游离氧化钙 (f-CaO) /%	MgO /%	烧失量 /%	不溶物 /%	SO$_3$ /%	3CaO · SiO$_2$ + 2CaO · SiO$_2$ /%	CaO/SiO$_2$ 质量比
≤1.5	≤5.0	≤1.5	≤0.75	≤1.0	≥66	≥2.0

注：1. 当制成 I 型硅酸盐水泥的压蒸安定性合格时，MgO 含量允许放宽到 6.0%；

　　2. SO$_3$ 含量也可由买卖双方商定；

　　3. 3CaO · SiO$_2$ 和 2CaO · SiO$_2$ 这两种熟料矿物的含量可按照熟料中各主要氧化物的含量进行计算得出。公式如下：

　　　$3CaO·SiO_2 = 4.07*CaO-7.60*SiO_2-6.72*Al_2O_3-1.43*Fe_2O_3- 2.85*SO_3-4.07*f\text{-}CaO$

　　　$2CaO·SiO_2 = 2.87*SiO_2-0.75*3CaO·SiO_2$

在熟料制备之前必须了解所制备的物料品种和组成。一般情况下，硅酸盐水泥熟料化学组成、矿物组成如表 7.1.2 所示。

表 7.1.2　普通硅酸盐水泥熟料的矿物组成

矿物	C$_3$S	C$_2$S	C$_3$A	C$_4$AF	玻璃体	f-CaO	方镁石
含量	50%~60%	~20%	7%~15%	10%~18%	不确定	控制含量	<5.0%

7.1.5　实验步骤及方法

1. 原材料的准备

（1）主要原料的分析检验。

可选用天然矿物原料及工业废渣或化学试剂作为原料。

① 将需要的主要原料备齐。

② 对所备齐的原料进行采样与制样，进行 CaO、SiO_2、Al_2O_3、Fe_2O_3、MgO 和烧失量等分析。要求分析者提出分析报告单作原始凭证。

③ 对某些原料做易碎性和易磨性实验，并进行强度、粒度、比表面积等物性检验。

（2）主要原料的加工。

对天然矿物原料及工业废渣需进行加工处理。一些经过上述物性检验不合格的原料也要进行加工处理。

① 石灰石。

选取化学成分符合要求的石灰石，用实验室常用的颚式破碎机、球磨机进行破碎与粉磨至要求的细度。

② 砂岩和铝矾土。

选取化学成分符合要求的黏土。如果水分大时，应烘干，然后用颚式破碎机、球磨机破碎并粉磨至要求的细度。

③ 铁粉、钢渣。

选取符合要求的钢渣，然后用颚式破碎机、球磨机破碎并粉磨至要求的细度。

上述主要原料经加工处理后，要用桶或塑料袋等密封保存。

（3）石膏与混合材料的制备。

① 石膏。

首先对石膏进行化学成分分析，然后检查细度，如不符合要求，要进行加工处理。

② 混合材料。

混合材料有粒状高温炉渣、粉煤灰、火山灰等。本实验中则主要为粒状高温炉渣。在化学成分分析后，若细度不符合要求应进行加工处理。

石膏与混合材料加工处理后，要用桶或塑料袋等密封保存。

（4）燃料分析。

气体燃料，液体燃料（如油类，煤气等）或固体燃料（如焦炭，煤粉等）都需了解其性质与质量。如用焦炭、煤，要做工业分析、水分与热值分析。

2. 合格生料的制备

（1）配料计算。

① 根据实验要求确定实验组数与生料量。

② 确定生料率值。

③ 依据各原料的化验报告单进行配料计算。

（2）配制生料。

① 按配料称量各种原料，放在研钵中研磨。如果量大，则置入球磨罐中充分混磨，直至全部通过 0.080 mm 的方孔筛。

② 将混磨好的粉料加入 5% ~ 7% 的水，放入成型模具中，置于压力机机座上以 30 ~ 35 MPa 的压力压制成块，压块厚度一般不大于 25 mm。

③ 将块状试样在 105 ~ 110 ℃ 下缓慢烘干。

（3）生料质量的检验。

① 生料碳酸钙含量的测定。

② 生料化学全分析。

③ 生料细度、表面积测定。

3. 试烧（生料易烧性测定）

（1）试烧所需仪器、设备及器具。

① 电炉。

试烧用的电炉有硅碳棒电炉与硅钼棒电炉，根据最高烧成温度决定使用哪一种。若试烧的温度较高则选用后一种。

② 坩埚。

坩埚在试烧过程中不能与熟料起化学反应，因此，要根据生料成分、所确定的最高煅烧温度及范围来选用坩埚。若烧成温度为 1 500 ℃ 以上，则选用铂坩埚；若烧成温度为 1 350 ~ 1 480 ℃，则选用刚玉坩埚；若烧成温度在 1 350 ℃ 以下，则选用高铝坩埚。

另外，也可用耐火材料做的匣钵来放置试烧的块料。

如在试烧过程中起反应时，可将反应处的局部熟料弃除。

③ 辅助设备及器具。

为了给熟料冷却，炉子降温需要吹风装置或电风扇。此外，还需要取熟料用的长柄钳子，石棉手套，干燥器等。

（2）试烧。

① 将生料块放进坩埚或匣钵中，按预定的烧成温度制度进行试烧。试烧结束后，戴上石棉手套和护目镜，用坩埚钳从电炉中拖出匣钵或坩埚，稍冷后取出试样，置于空气中自然冷却，并观察熟料的色泽等。

② 将冷却至室温的熟料试块砸碎磨细（要求能全部通过 0.080 mm 的筛子），装在有编号的样品袋中，置于干燥器内。

取一部分样品，用甘油乙醇法测定游离氧化钙，以分析水泥熟料的煅烧程度。

（3）如果游离氧化钙高，易烧性不好，就应按上述步骤反复进行试烧（生料易烧性测定），直到满意为止。

4. 水泥熟料的煅烧（熟料的制备）

根据试烧（生料易烧性实验）的结果，对生料及烧成制度等进行调整。

① 首先根据各原料成分及生料化验分析单提供的数据，进行熟料率值的修改和熟料矿物组成的再设计与再计算。

② 按调整后的参数，配制新的生料。

③ 将生料块放进坩埚或匣钵中，按预定的烧成温度制度进行煅烧。煅烧结束后，戴上石棉手套和护目镜，用坩埚钳从电炉中拖出匣钵或坩埚，稍冷后取出试样，立即用风扇吹风冷却（在气温较低时，在空气中自然冷却），并观察熟料的色泽等。

④ 将冷却至室温的熟料试块砸碎磨细，装在有编号的样品袋中，置于干燥器内。

5. 水泥熟料性能试验

将制备好的熟料做如下实验：

① 熟料成分全分析并提供分析报告单。

② 根据化验单上的数据进行熟料矿物组成等计算，以检查配料方案是否达到预期效果。

③ 取部分熟料做岩相检验。

④ 熟料游离氧化钙的测定。

⑤ 熟料中氧化镁的测定。

⑥ 熟料易烧性试验。

⑦ 细度测定。

⑧ 掺适量石膏和混合材料于熟料中，磨细至要求的细度后，将所制备的水泥做全套物理检验，即熟料标准稠度、凝结时间和安定性及强度检验以及确定熟料标号。

7.1.6 实验报告

（1）写出熟料制备过程中配料方案的选定过程。

（2）写出熟料煅烧过程中的系列化学反应。

（3）如果制备其他品种的熟料，应该在配料过程中做哪些相应的调整？

7.1.7 讨论题

（1）简述助熔剂的作用与效果。

（2）熟料煅烧的热工制度对熟料质量的影响。

（3）熟料的冷却速度对熟料质量的影响。

7.2 水泥细度测定

细度是以颗粒的平均直径为单位来区别物料颗粒大小的单位。因此，细度可以用来表征粉体粗细程度和类别。细度对水泥的凝结时间、强度、需水量和安定性有较大的影响，是鉴定水泥品质的主要项目之一。细度的检验有负压筛法、水筛法和干筛法 3 种筛析法，本实验采用负压筛法检测粉体细度。

7.2.1 实验目的

（1）掌握粉体细度的概念和测定方法，评定粉体细度是否符合规范要求。

（2）掌握粉体细度的检验方法和检验技能。

（3）熟悉粉体细度检验用的各种仪器和设备。

7.2.2 实验原理

按照"GB 175—1992"，"GB 1344—1992"，当 3 种筛析法测试结果发生争议时，以负压筛法为准。用筛网上所得筛余物的质量占试样原始质量的百分数来表示水泥样品的细度。

水泥试样的筛余百分数计算公式：

$$F = \frac{R_S}{m} \times 100\%$$

式中 F——水泥试样的筛余百分数，%；

R_S——水泥筛余物的质量，g；

m——水泥试样的质量，g。

计算要求精确至 0.1%。

引用标准：

GB/T 1345—2005《水泥细度检验方法 筛析法》。

GB/T 6005《试验筛、金属丝编织网、穿孔板和电成型薄板、筛孔的基本尺寸》。

上述标准是采用 45 μm、80 μm 筛对水泥试样进行筛析试验，用筛网上所得筛余物的质量占试样原始质量的百分数来表示水泥样品的细度。

7.2.3 实验仪器、设备及材料

（1）实验仪器：试验筛（负压筛、水筛）、负压筛析仪（FYS-150）、水筛架、喷头、天平（最小分度值≤0.01 g）、烘箱、料勺、毛刷等；

（2）实验材料：水泥。

① 试验筛：试验筛由圆形筛框和筛网组成，筛网符合 SSW 0.080/0.056 GB 6004，分为负压筛和水筛两种。负压筛应附有透明筛盖，筛盖与筛上口应有良好的密封性，图 7.2.1 为水筛。

② 负压筛析仪：负压筛析仪由筛座、负压筛、负压源及收尘器组成，如图 7.2.2 所示。其中筛座由转速为（30±2）r/min 的喷气嘴、负压表、控制板、微电机及壳体等构成。筛析仪负压可调范围为 4 000～6 000 Pa。喷气嘴上口平面与筛网之间距离为 2～8 mm。负压源和收尘器，由功率 600 W 的工业吸尘器和小型旋风收尘筒组成。

图 7.2.1 水筛

图 7.2.2　水泥细度负压筛析仪

③ 天平：最大称量为 100 g，分度值不大于 0.05 g。

7.2.4　实验内容

分别使用负压筛法、水筛法对水泥试样的细度进行测试分析。

7.2.5　实验步骤及方法

1. 实验步骤

（1）将熟料用破碎机破碎后，筛分至要求粒度。按配比将破碎好的物料称量后，放到试验磨里，启动磨机。粉磨一定时间，测量细度至规定要求。

（2）水泥样品应充分拌匀，通过 0.9 mm 方孔筛，使用天平记录筛余物情况，要防止过筛时混进其他水泥。

（3）筛析试验前，应把负压筛放在筛座上，盖上筛盖，接通电源，检查控制系统，调整负压至 4 000 ~ 6 000 Pa。

（4）80 μm 筛析仪试验称取试样 25 g，45 μm 筛析试验称取试样 10 g，置于洁净的负压筛中，盖上筛盖，放在筛座上，开动筛析仪连续筛析 2 min，在此期间如有试样附着在筛盖上，可轻轻地敲击，使试样落下。

（5）水泥细度按试样筛余百分数表示。

2. 实验方法

（1）负压筛法测定。

① 筛析试验前，应把负压筛放在筛座上，盖上筛盖，接通电源，检查控制系统，调节负压至 4 000 ~ 6 000 Pa。

② 称取 25 g 试样并置于洁净的负压筛中（称取试样精确到 0.01 g），盖上筛盖，放在筛座上，开动筛析仪连续筛析 2 min。在此期间如有试样附着在筛盖上，可轻轻地敲击，使试样落下。筛毕，用天平称量筛余物，精确至 0.05 g。

③ 当工作负压小于 4 000 Pa 时，应清理吸尘器内水泥，使负压恢复正常。

（2）水筛法测定。

① 将称好的试样倒入筛子的一边，一手稍打开水龙头，一手持筛，斜放在喷头下冲洗，冲洗时喷头的水逐渐把倒在一边的水泥稀释并流向另一边，通过筛孔流出，同时持筛手在喷头下往返摇动，以加快细粉的通过，防止试样堵塞筛孔。冲洗时间约 20 s，然后将筛子放在筛架上进行筛析。

② 筛析时，喷头喷出的水不能垂直喷在筛网上，而要成一定角度，使一部分水以切线方向喷在筛框上，一部分水喷在筛网上，才能使筛子转动，而角度的大小要控制在使筛的转速约 50 r/min 为宜，水压为（0.05±0.02）MPa。冲洗和筛析时，注意不要使试样溅出筛外。

③ 筛析 3 min 取下筛子，一手持筛，一手持喷头或橡皮水管，用水将筛余物冲到筛子的一边，然后用小股水柱慢慢地将筛余物移至蒸发皿（或烘干盘）内，待蒸发皿内筛余物沉淀后，将蒸发皿倾斜使水流出，然后转动蒸发皿使筛余物散布在蒸发皿壁上，接着放在加热器上烘干。

④ 加热器一般采用电炉，蒸发皿不能直接放在电炉盘上，以防急热时筛余物受热不均而爆溅，可用石棉板隔开，或放在距电炉一定高度的金属丝网架上。

⑤ 烘干后取下蒸发皿，待冷至不烫手时，用天平盘进行称量，精确到 0.1 g。

⑥ 试验筛的清洗。

试验筛必须保持清洁，筛孔通畅，使用 10 次后要进行清洗。金属框筛、铜丝网筛清洗时应用专门的清洗剂，不可用弱酸浸泡。

注意事项：

（1）实验室温度为 17～25 ℃，相对湿度大于 50%。养护室温度为（20±2）℃，相对湿度大于 90%。

（2）粉体试样充分搅拌均匀，并通过 0.9 mm 方孔筛，记录其筛余物情况。

（3）实验用材料、仪器、用具的温度与实验室一致。

7.2.6 实验报告

（1）写出测定水泥细度的两种主要方法和步骤。

（2）请根据水泥试样筛余百分数计算公式求出水泥试样的细度。

（3）请写出本次实验中印象较深的内容及收获。

7.2.7 讨论题

（1）粉体的细度对粉体制备生产有何影响？

（2）粉体的细度对后面的工序有何影响？

（3）用水筛筛析法检验水泥细度时应特别注意哪几个问题？

7.3 水泥比表面积测定方法

粉体细度的测定主要有筛析法和比表面积法（勃氏法）两种。筛析法简单实用；比表面积法复杂，但结果比较准确全面。通过对粉体细度的测定，了解其颗粒的大小和组成，对粉体的物理性能有更全面的了解，为其更好地应用提供有价值的参考依据，本实验主要采用比表面积法对粉体的细度进行测定。

7.3.1　实验目的

（1）测量水泥试样的比表面积；
（2）掌握 Blaine 透气仪的使用方法。

7.3.2　实验原理

比表面积是指单位质量物料所具有的总面积。测试时先使试样粉体形成空隙率一定的粉体层，然后抽真空，使 U 形管压力计右边的液柱上升到一定的高度。关闭活塞后，外部空气通过粉体层使 U 形管压力计右边的液柱下降，测出液柱下降一定高度（即透过的空气容积一定）所需的时间，即可求出粉体试样的比表面积。

所依据的国家标准为：GB 8074—87《水泥比表面积测定方法》。

7.3.3　实验仪器、设备及材料

（1）实验仪器：Blaine 透气仪（见图 7.3.1）、抽气装置、滤纸、分析天平、计时秒表、烘干箱（见图 7.3.2）、捣器。

图 7.3.1　Blaine 透气仪

图 7.3.2　烘干箱

（2）实验材料：水泥。
① Blaine 透气仪：由透气圆筒、压力计、抽气装置等 3 部分组成。
② 抽气装置：小型电磁泵，也可用抽气球。
③ 滤纸：采用符合国标的中速定量滤纸。
④ 分析天平：分度值为 1 mg。
⑤ 计时秒表：精确到 0.5 s。

7.3.4 实验内容

使用 Blaine 透气仪测量水泥试样的比表面积。

7.3.5 实验步骤及方法

1. 试样准备

水泥试样应先通过 0.9 mm 方孔筛，再在（110±5）℃温度下烘干，并在干燥器中冷却至室温，如此得到标准试样，制备出坚实的水泥层。如太松或水泥不能压到要求体积时，应调整水泥的试用量。

2. 确定试样量

校正试验用的标准试样量和被测定水泥的质量，应达到在制备的试料层中空隙率为 0.500±0.005，计算式为

$$m = \rho V \times (1 - \varepsilon) \tag{7-3-1}$$

式中 m——需要的试样量，g；

ρ——试样密度，g/cm^3；

V——试料层体积，cm^3；

ε——试料层空隙率。

3. 试料层制备

试料层体积的测定，用水银排代法确定或根据经验进行估算再反复校正试料层体积。将穿孔板放入透气圆筒的突缘上，用一根直径比圆筒略小的细棒把一片滤纸送到穿孔板上，边缘压紧。称取水泥量，精确到 0.001 g，倒入圆筒。轻敲圆筒的边，使水泥层表面平坦。再放入一片滤纸，用捣器均匀捣实试料，直至捣器的支持环紧紧接触圆筒顶边并旋转两周，慢慢取出捣器。

注意事项：

空隙率是指试料层中孔的容积与试料层总的容积之比，一般水泥采用 0.500±0.005。如有些粉料按式（7-3-1）算出的试样量在圆筒的有效体积中容纳不下，或经捣实后未能充满圆筒的有效体积，则允许适当地改变空隙率。

穿孔板上的滤纸，应是与圆筒内径相同、边缘光滑的圆片。穿孔板上滤纸片如比圆筒内径小时，会有部分试样黏于圆筒内壁高出圆板上部；当滤纸直径大于圆筒内径时，会引起滤纸片皱起使结果不准。每次测定需用新的滤纸片。

4. 漏气检查

（1）把装有试料层的透气圆筒连接到压力计上，要保证紧密连接不漏气，并不振动所制备的试料层。为避免漏气，可先在圆筒下锥面涂一薄层活塞油脂，然后把它插入压力计顶端锥形磨口处，旋转两周。或将透气圆筒上口用橡皮塞塞紧，接到压力计上。启动抽气泵使压

力计内液面上升到上面刻度线 A，然后关闭活塞，观察 5 min 后液面不下降，说明仪器不漏气。如发现漏气，用活塞油脂加以密封。

（2）打开微型电磁泵慢慢从压力计中抽出空气，直到压力计内液面上升到扩大部下端时关闭阀门。当压力计内液体的凹液面下降到第一个刻线时开始计时，当液体的凹液面下降到第二条刻线时停止计时，记录液面从第一条刻度线到第二条刻度线所用的时间。以秒记录，并记下试验时的温度（℃）。

（3）试料层体积的测定。水银排代法：将两片滤纸沿圆筒壁放入透气圆筒内，用一直径比透气圆筒略小的细长棒往下按，直到滤纸平整地放在金属的孔板上，然后装满水银，用一小块薄玻璃板轻压水银表面，使水银面与圆筒口平齐，并保证在玻璃板和水银表面之间没有气泡或空洞存在。从圆筒中倒出水银，称量，精确至 0.05 g。重复几次测定，到数值基本不变为止。然后，从圆筒中取出一片滤纸，试用约 3.3 g 的水泥，压实水泥层。再在圆筒上部空间注入水银，同上述方法除去气泡、压平、倒出水银，称量，重复几次，直到水银称量值相差小于 50 mg 为止。

5. 透气试验

（1）把装有试料层的透气圆筒连接到压力计上，要保证紧密连接不漏气，并不振动所制备的试料层。用抽气球慢慢从压力计中抽出空气，直到压力计内液面上升到扩大部下端时关闭阀门。当压力计内液体的凹液面下降到第一个刻线时开始计时，当液体的凹液面下降到第二条刻线时停止计时，记录液面从第一条刻度线到第二条刻度线所用的时间。以秒记录，并记下试验时的温度。

（2）测定透气时间。启动抽气泵，慢慢转动活塞使压力计液面上升至上面第一条刻度线 A，关闭活塞；当液面下降到第二条刻度线 B 时，使用秒表开始计时，当液面降至第三条刻度线 C 时，计时停止。记录液面从 $B \rightarrow C$ 所用时间 t（s），重复试验一次，两次结果不超过 2 s 即可，否则需重做，并记下当时温度。

（3）用已知比表面积和密度的标准样，重复上述试验，测得透气时间 t_e（s），并记下当时的温度。

6. 比表面积计算

（1）因试验温度相同，空气黏度 μ 约掉，比表面积只与透气时间、密度、试样层空隙率有关，可用下式计算：

$$S = \frac{S_e r_e \sqrt{\mu_e}(1-m_e)\sqrt{t}\sqrt{m^3}}{r\sqrt{\mu}(1-m)\sqrt{t_e}\sqrt{m_e^3}}$$

式中 S、S_e——待测试样、标准石英粉（标准样）的比表面积，cm^2/g；

$\qquad$ r、r_e——待测试样、标准样的密度，g/m^3；

$\qquad$ μ、μ_e——待测试样、标准样操作温度下的空气黏度，$Pa \cdot s$；

$\qquad$ t、t_e——空气通过待测试样、标准样料层所需的时间，s；

$\qquad$ m——待测试样料层的空隙率，水泥 $m = 0.500 \pm 0.005$；

$\qquad$ m_e——标准样料层的空隙率，标准石英粉 $m = 0.48 \pm 0.02$。

（2）水泥比表面积应由两次透气试验结果的平均值确定。如两次试验结果相差 2% 以上时，应重新试验，计算应精确至 $10\ cm^2/g$。$10\ cm^2/g$ 以下的数值按四舍五入计。

（3）圆筒内试料层体积 V 按下式计算（精确到 $0.005\ cm^3$）：

$$V = (m_1 - m_2)/\rho_{水银} \tag{7-3-2}$$

式中 V——试料层体积，cm^3；

       m_1——未装水泥时，充满圆筒的水银质量，g；

       m_2——装水泥后，充满圆筒的水银质量，g；

       $\rho_{水银}$——试验温度下水银的密度，g/cm^3。

（4）试料层体积的测定（至少应进行两次）。

每次应单独压实，取两次数值相差不超过 $0.005\ cm^3$ 的平均值，并记录测定过程中圆筒附近的温度。

7.3.6　实验报告

（1）写出用透气仪测定水泥细度的主要步骤。

（2）请根据实验数据计算试样的比表面积。

（3）勃氏法测定水泥比表面积的注意事项有哪些？

7.3.7　讨论题

（1）水泥比表面积的大小会对水泥性能有哪些影响？

（2）分析影响实验结果准确性的因素有哪些？

7.4　粉体粒度分布的测定

粒度分布通常是指某一粒径或某一粒径范围的颗粒在整个粉体中占多大的比例。颗粒的粒度分布能显著影响粉末及其产品的性质和用途。为了掌握生产线的工作情况和产品是否合格，在生产过程中必须按时取样并对产品进行粒度分布的检验。

粒度分布的测定方法有多种，常用的有筛析法、沉降法、激光法、小孔通过法、吸附法等。本实验用筛析法测定粉体粒度分布。

筛析法是最简单的也是使用最早和应用最广泛的粒度测定方法，利用筛析法不仅可以测定粒度分布，而且通过绘制累积粒度特性曲线，还可得到累积产率 50% 时的平均粒度。

7.4.1　实验目的

（1）了解筛析法测粉体粒度分布的原理和方法；

（2）根据筛析数据绘制粒度累积分布曲线和频率分布曲线。

7.4.2 实验原理

1. 测试方法概述

筛析法是让粉体试样通过一系列不同筛孔的标准筛，将其分离成若干个粒级，分别称重，求得以质量百分数表示的粒度分布。筛析法适用 100 mm 至 20 μm 之间的粒度分布测量。筛孔的大小习惯上用"目"表示，其含义是每英寸（25.4 mm）长度上筛孔的数目，也有用 1 cm 长度上的孔数或 1 cm² 筛面上的孔数来表示，还有的直接用筛孔的尺寸来表示。筛析法常使用标准套筛。

筛析法有干筛法与湿筛法两种，测定粒度分布时，一般用干筛法。若试样含水较多，颗粒凝聚性较强时，则应当用湿筛法（精度比干筛法高），特别是颗粒较细的物料，若允许与水混合时，最好使用湿筛法。因为湿筛法可避免很细的颗粒附着在筛孔上面堵塞筛孔。另外，湿筛法可不受物料温度和大气湿度的影响，湿筛法还可以改善操作条件。所以，湿筛法与干筛法均已被列为国家标准方法并列使用，用于测定水泥及生料的细度。

筛析结果往往采用频率分布和累积分布来表示颗粒的粒度分布。频率分布表示各个粒径相对应的颗粒百分含量（微分型）；累积分布表示小于（或大于）某粒径的颗粒占全部颗粒的百分含量与该粒径的关系（积分型）。用表格或图形来直观表示颗粒粒径的频率分布和累积分布。

筛析法使用的设备简单，操作方便，但筛析结果受颗粒形状的影响较大。粒度分布的粒级较粗，测试下限超过 38 μm 时，筛析时间长，也容易堵塞。

2. 设备仪器工作原理

干筛法：置于筛中一定质量的粉料试样，借助于机械振动或手工拍打使细粉通过筛网，直至筛析完全后，根据筛余物质量和试样质量求出粉料试样的筛余量。

湿筛法：置于筛中一定质量的粉料试样，经适宜的分散水流（可带有一定的水压）冲洗一定时间后，筛析完全，根据筛余物质量和试样质量求出粉料试样的筛余量。

7.4.3 实验仪器、设备及材料

（1）干筛法：标准筛 1 套，振筛机 1 台，托盘天平 1 套，搪瓷盘 2 个，电热恒温鼓风干燥箱。

（2）湿筛法：200 目筛子如图 7.4.1 所示，脸盆 1 个，电热恒温鼓风干燥箱。

图 7.4.1　标准筛实体图

本实验使用的电热恒温鼓风干燥箱是上海精宏实验设备有限公司生产的 DHG-9146A 号产品，实体图如图 7.4.2 所示。

图 7.4.2　电热恒温鼓风干燥箱

7.4.4　实验内容

分别用干筛法和湿筛法测试试样的粒度分布情况。

7.4.5　实验步骤及方法

1. 干筛法

（1）试样制备。用圆锥四分法缩分取样，准确称取 100 g。

（2）套筛按孔径由大至小顺序叠好，并装上筛底，安装在振筛机上，将称好的试样倒入最上层筛子，加上筛盖。

（3）启动振筛机，振动 20 min，然后依次将每层筛子取下，用手筛析，若 1 min 所得筛下物料量小于筛上物料的 1%，则认为已达筛析终点，否则要继续手筛至终点。

（4）小心取出试样，分别称量各筛上和底盘中的试样质量，并记录于表 7.4.1 中。

（5）检查各层筛面质量总和与原试样质量的误差，误差不应超过 2%，此时可把所损失的质量加在最细粒级中，若误差超过 2% 时，实验重新进行。

2. 湿筛法

（1）试样制备。用圆锥四分法缩分取样，准确称取 5 g。

（2）将试样放入烧杯中，加水搅拌成泥浆（如是难分散粉料，还需加入适量的分散剂）。

（3）将上述泥浆倒入 200 目的筛上，然后在盛有清水的脸盆中淘洗或用水冲洗，直至水清为止，层筛上的残留物用洗瓶分别洗到玻璃皿中，放在烘箱内烘干至恒重，称量（准确至0.1 g）测定筛余量。

（4）将数据记入表 7.4.1 中。

表 7.4.1　筛析实验数据表

标准筛		质量/g	质量百分率/%	筛上累积百分数/%	筛下累积百分数/%	筛析时间/min
筛目	筛尺寸/mm					
共　计						

7.4.6　实验报告

（1）根据误差公式计算实验误差：

$$实验误差 = \frac{试样质量 - 筛析总质量}{试样质量} \times 100\%$$

（2）根据实验结果记录，在坐标纸上绘制筛上累积分布曲线、筛下累积分布曲线、频率分布曲线（粒度 Δd 尽量减小，通常可取 $\Delta d = 0.5$ mm）。

7.4.7　讨论题

（1）测定粉体粒度分布有什么实际意义？
（2）用干筛法测定颗粒粒度分布的影响因素有哪些？

7.5　粉体真密度的测定

7.5.1　实验目的

（1）了解测定粉体真密度的原理；
（2）学习并掌握排液法测定粉体真密度的方法。

7.5.2　实验原理

　　粉体的真密度是指将粉体表面及其内部的空气排出后测得的粉体自身的密度。真密度是粉体的一个基本物理性质，是粒度与空隙率等测试中不可缺少的基本物性参数。

　　粉体的真密度是指粉体的干燥质量与其真体积（总体积与其中空隙所占体积之差）的比值，单位为 g/cm³。

用真空法测定粉体的真密度，是使装有一定量粉体的比重瓶内造成一定的真空度，从而除去粒子间及本身吸附的空气，用一种已知真密度的液体填充粒子间的空隙，通过称量，可换算出粉体的真密度。计算公式如下：

$$\rho_{\mathrm{p}} = \frac{M \cdot \rho_{\mathrm{L}}}{M + W - R}$$

（7-5-1）

式中　ρ_{p}——粉体的真密度，g/cm^3；

　　　ρ_{L}——液体的真密度，g/cm^3；

　　　M——粉体样品的质量，g；

　　　W——比重瓶加液体的总质量，g；

　　　R——比重瓶加粉体及剩余液体的总质量，g。

7.5.3　实验仪器、设备及材料

（1）实验仪器：

① 带磨口毛细管塞的比重瓶 3 ~ 4 个，每个容量为 100 mL；

② 分析天平（感量 0.000 1 g）1 台；

③ 水银温度计（温度为 0 ~ 50 ℃，分度值为 0.1 ℃）1 支；

④ 恒温水浴[保持(20±0.5) ℃ 的恒温]1 台；

⑤ 电烘箱 1 台；

⑥ 干燥器 1 个；

⑦ 带活塞储液漏斗 3 ~ 4 个，每个容量为 200 ~ 300 mL；

⑧ 真空容器一个，容量为 1 000 ~ 2 000 mL；

⑨ 真空抽气泵 1 台。

（2）试验试剂：六偏磷酸钠水溶液，浓度为 0.003 mol/L。它适合于大多数的无机粉体。六偏磷酸钠分子式为 $(NaPO_3)_6$，相对分子质量为 611.8。该浓度水溶液的真密度为 1.001 6 g/cm^3。

（3）试验材料：滑石粉或粉煤灰。

7.5.4　实验内容

学习使用排液法测定粉体真密度。

7.5.5　实验步骤及方法

（1）把比重瓶清洗干净，放入电烘箱烘干，然后在干燥器中冷却至室温备用。

（2）取有代表性的实验样品 40 ~ 80 g，放入电烘箱内，在（110±5）℃ 下烘 1 h 或至恒重，然后在干燥器中冷却至室温备用。

（3）取 3 ~ 4 个干燥过的比重瓶，分别称量其质量，以 M_1 表示。

（4）在每个比重瓶中放入 5～10 g 的干燥粉体，分别称量其质量，以 M_2 表示。$M_2 - M_1 = M$，M 即为粉体样品的质量。

（5）将真空抽气泵与真空容器连接，打开抽气泵，观察真空容器的剩余压力（绝对压力），当剩余压力小于 2.67 kPa 时，方可进行下一步操作，否则应找出原因，达到要求压力值为止。

（6）把装有粉体的比重瓶放入真空容器中，将瓶口对准注液管，每个储液漏斗装入 200～300 mL 浓度为 0.003 mol/L 的六偏磷酸钠水溶液。关闭储液漏斗活塞，打开抽气泵，当真空容器中的剩余压力达到 2.67 kPa 时，再继续抽气 20 min。

（7）关闭抽气泵，打开储液漏斗活塞，分别向比重瓶中注入水溶液，约为比重瓶的 3/4 体积时停止注液，静置 5～10 min，当液面没有粉体漂浮时，再注液至低于瓶口 12～15 mm。从真空容器中拿出比重瓶，慢慢盖上瓶塞，使瓶内及瓶塞的毛细管中无气泡。

（8）将比重瓶放入恒温水浴中，水浴中水面低于比重瓶口 10 mm 左右，在（20±0.5）℃ 温度下恒温 30～40 min。然后拿出比重瓶，用滤纸吸掉比重瓶毛细管塞口多余的液体，仔细擦干比重瓶外部，立即进行称量，准确到 0.000 1 g，其质量以 R 表示。

（9）把比重瓶中液体倒掉，清洗干净，再用六偏磷酸钠水溶液冲洗几次。然后把比重瓶放入真空容器中，注入水溶液至低于瓶口 12～15 mm，盖上瓶塞。

（10）把装满水溶液的比重瓶放入恒温水浴中，按第（8）步骤操作，并称量其质量，以 W 表示。

（11）按式（7-5-1）计算被测粉体的真密度。

（12）取 3～4 个试样的实验结果的平均值作为粉体真密度的报告值，数据取到小数点后两位。要求平行实验结果误差不得超过 0.2%。

（13）实验数据整理。

将有关实验数据和计算结果记入实验记录表 7.5.1 中。

表 7.5.1　粉体真密度测定记录表

比重瓶编号	比重瓶质量 M_1/g	比重瓶加试样质量 M_2/g	试样质量 $M = M_2 - M_1$/g	比重瓶加溶液质量 W/g	比重瓶加试样和溶液质量 R/g	真密度 /（g/cm³）
1						
2						
3						
4						
平均值						

7.5.6　实验报告

（1）将讨论题的讨论结果写入实验报告中。

（2）请谈谈实验中有哪些印象较深的内容及收获。

7.5.7　讨论题

（1）对实验用的液体有何要求，为什么？

（2）粉体真密度的测定误差主要来源于哪些实验操作或步骤？

（3）你认为实验中还存在哪些问题，应如何改进？

7.6　水泥标准稠度用水量

7.6.1　实验目的

通过实验测定水泥净浆达到水泥标准稠度（统一规定的浆体可塑）时的用水量，作为水泥凝结时间、安定性实验用水量之一；掌握 GB 1346—2001《水泥标准稠度用水量》的测试方法，正确使用仪器设备，并熟悉其性能。

7.6.2　实验原理

水泥净浆对标准试杆的沉入具有一定的阻力，通过试验含有不同水量的水泥净浆对试杆阻力的不同，可以确定水泥净浆达到标准稠度时所需要的水量。

7.6.3　实验仪器、设备及材料

（1）水泥净浆搅拌机，如图 7.6.1 所示；

（2）标准法维卡仪，如图 7.6.2 所示；

（3）天平和量筒等。

图 7.6.1　水泥净浆搅拌机

图 7.6.2　法维卡仪

7.6.4 实验内容

测定水泥净浆达到水泥标准稠度时的用水量。

7.6.5 实验步骤及方法

1. 实验准备

（1）温度和湿度。实验室环境温度的记录；养护箱温度和湿度的检查。

（2）维卡仪调零点。维卡仪金属滑杆能自由滑动，调整至试杆接触玻璃板时指针对准零点；将试锥降至锥模顶面位置时，指针应对准标尺零点。

2. 水泥净浆的拌制

搅拌锅和搅拌叶片先用湿棉布擦拭，将拌和水倒入搅拌锅内，然后在 5～10 s 内小心将称好的 500 g 水泥加入水中，防止水和水泥溅出。拌和时，先将搅拌锅放到搅拌机锅座上，升至搅拌位置。开动机器，同时慢慢加入拌和水，慢速搅拌 120 s，停拌 15 s，接着快速搅拌 120 s 后停机。

3. 装模测试

拌和结束后，立即将拌好的净浆装入已置于玻璃板上的试模中，用小刀插捣，轻轻振动数次，刮去多余净浆；抹平后迅速将试模和底板移到维卡仪上，并将其中心定在试杆下，降低试杆直至与水泥净浆表面接触，拧紧螺丝 1～2 s 后，突然放松，使试杆垂直自由地沉入净浆中。在试杆停止沉入或释放试杆 30 s 时，记录试杆距底板之间的距离，升起试杆，立即擦净。整个操作应在搅拌后 1.5 min 后完成，以试杆沉入净浆并距底板（6±1）mm 的水泥净浆为标准稠度净浆。拌和水量为该水泥的标准稠度用水量（P），按水泥质量的百分比计。

4. 标准稠度的测定

标准稠度的测定有调整水量法和固定水量法两种，可选用任一种测定，如有争议时以调整水量法为准。

① 固定水量法：拌和用水量为 142.5 mL。拌和结束后，立即将拌和好的净浆装入锥模，用小刀插捣，振动数次，刮去多余净浆；抹平后放到试锥下面的固定位置上，调整金属棒使锥尖接触净浆并固定松紧螺丝 1～2 s，然后突然放松，让试锥垂直自由地沉入水泥净浆中。在试锥停止下沉或释放试锥 30 s 时，记录试锥下沉深度。整个操作应在搅拌后 1.5 min 内完成。

② 调整水量法：拌和用水量按经验加水。拌和结束后，立即将拌和好的净浆装入模，用小刀插捣、振动数次，刮去多余净浆；抹平后放到试锥下面的固定位置上，调整金属棒使锥尖接触净浆并固定松紧螺丝 1～2 s，然后突然放松，让试锥垂直自由地沉入水泥净浆中。当试锥下沉深度为（28±2）mm 时的净浆为标准稠度净浆，其拌和用水量即为标准稠度用水量（P），按水泥质量的百分比计。

5. 实验结果计算

用固定水量方法测定时，根据测得的试锥下沉深度 S（mm），可从仪器上对应标尺读出标准稠度用水量（P）或按下面的经验公式计算其标准稠度用水量：

$$P = 33.4 - 0.185S \qquad\qquad (7\text{-}6\text{-}1)$$

当试锥下沉深度小于 13 mm 时，应改用调整水量方法测定。用调整水量方法测定时，以试锥下沉深度为（28±2）mm 时的净浆为标准稠度净浆，其拌和用水量为该水泥的标准稠度用水量，以水泥质量百分数计，计算公式同标准法。如下沉深度超出范围，需另称试样，调整水量，重新实验，直至达到（28±2）mm 为止。

7.6.6 实验报告

（1）写出水泥标准稠度用水量实验的主要步骤。
（2）写出主要收获。

7.6.7 讨论题

（1）你认为影响水泥标准稠度用水量的主要因素有哪些？
（2）水泥标准稠度用水量有什么实际意义？

7.7 水泥凝结时间测定

7.7.1 实验目的

（1）了解水泥凝结时间测定意义；
（2）掌握水泥凝结时间测定步骤；
（3）熟练仪器操作。

7.7.2 实验原理

水泥加水拌和后可形成塑性浆体。拌和时的用水量对浆体的凝结时间及硬化后体积变化的稳定性有较大的影响。测定水泥的标准稠度用水量、凝结时间、体积安定性对工程施工过程及施工质量有重要意义。

水泥从加水到开始失去流动性所需的时间称为凝结时间。凝结时间快慢直接影响到混凝土的浇灌和施工进度。测定水泥达到初凝和终凝所需的时间可以评定水泥的可施工性，为现场施工提供参数。

水泥凝结时间用净浆标准稠度与凝结时间测定仪测定。当试针在不同凝结程度的净浆中自由沉落时，试针下沉的深度随凝结程度的提高而减小。根据试针下沉的深度就可判断水泥的初凝状态和终凝状态，从而确定初凝时间和终凝时间。

7.7.3 实验仪器、设备及材料

标准法维卡仪、水泥净浆搅拌机（见图7.7.1）、湿气养护箱（见图7.7.2）。

图7.7.1 水泥净浆搅拌机

图7.7.2 HBY-40B水泥混凝土标准恒温恒湿养护箱

7.7.4 实验内容

用净浆标准稠度与凝结时间测定仪测定水泥凝结时间。

7.7.5 实验步骤及方法

1. 测定前的准备工作

在圆模内侧涂上一层机油，放在玻璃板上。调整标准法维卡仪的试针接触玻璃板时指针应对准标尺零点。

2. 试模的制备

以标准稠度用水量加水，按标准稠度净浆拌制操作方法制成标准稠度净浆后，立刻一次装入圆模振动数次刮平，然后放入湿气养护箱内。记录开始加水的时间作为凝结时间的起始时间。

3. 初凝时间的测定

试件在湿气养护箱中养护至加水后30 min时，进行第一次测定。从养护箱中取出圆模放到试针下，使试针与净浆表面接触。拧紧螺丝1～2 s后突然放松，试针会垂直自由沉入净浆，观察试针停止下沉或释放试针30 s时，读取指针读数。

临近初凝时，每隔5 min测一次。每测一次换一次位置，试针落入的位置至少距内壁10 mm。每次测定不能让试针落入原针孔，每次测试完毕应将试针擦净并将试模放回湿气养护箱内，整个测试过程要防止试模振动。每次测完，擦净试针，并将试模放回湿气养护箱内。

记录开始加水搅拌的时间作为水泥凝结时间的起始时间。

当试针下沉 30 s，试针距底板（4±1）mm 时，浆体为初凝状态。记下从加水到此时的时间，即初凝时间。达到初凝时应立即重复测一次，当两次结论相同时才能定为达到初凝状态。由水泥全部加入水中至初凝状态的时间为水泥的初凝时间，用 min 表示。

4. 终凝时间的测定

为准确观测试针沉入的状况，在终凝针上安装了一个环形附件。在完成初凝时间测定后，立即将试模连同浆体以平移的方式从玻璃板取下，翻转 180°，直径大端向上，小端向下放在玻璃板上，再放入湿气养护箱中继续养护，临近终凝时间时每隔 15 min 测定一次，当试针沉入试体 0.5 mm 时，即环形附件开始不能在试体上留下痕迹时，为水泥达到终凝状态，由水泥全部加入水中至终凝状态的时间为水泥的终凝时间。达到终凝时，应立即重复测一次，当两次结论相同时才能定为达到终凝状态。

最初测定时，应轻轻扶持金属棒，使其慢慢下降，以防试针撞弯，但结果以自由下落为准；在整个测试过程中，试针落入的位置至少要距圆模内壁 10 mm。

注意事项：

临近初凝时，每隔 5 min 测定一次，临近终凝时，每隔 15 min 测定一次。每次测定不得让试针落入原针孔内，每次测定完毕应将试针擦净并将圆模放回湿气养护箱内，测定全过程中要防止圆模受振。

5. 数据记录

① 初凝时间。由水泥全部加入水中至试针沉入净浆中距底板 3～5 mm 时，所需时间为水泥的初凝时间，用 min 表示。数据计入表 7.7.1 中。

表 7.7.1 水泥初凝时间测定结果

编 号	试针下沉后距底板距离/mm	开始时间	结束时间	初凝时间/min
1				
2				

② 终凝时间。由水泥全部加入水中至终凝状态时所需的时间为水泥的终凝时间，用 min 表示。数据计入表 7.7.2 中。

表 7.7.2 水泥终凝时间测定结果

编 号	试针下沉后距表面距离/mm	开始时间	结束时间	终凝时间/min
1				
2				

影响因素分析：

（1）养护温度偏高，水泥水化加速；养护相对湿度偏低，水分蒸发加快；制浆时加水偏少，水泥浆形成凝固结构所需时间偏短。上述因素会导致水泥凝结时间缩短；反之，时间延长。

（2）水泥凝结程度是根据标准试针在净浆中自由沉落时的下沉深度来判断的。在测定过程中，要保证试针自由沉落。此外，试针不能弯曲，表面要光滑，顶端为平面，确保净浆受力的可比性。

（3）净浆搅拌后到读数应在 1.5 min 内完成。

7.7.6　实验报告

写出水泥凝结时间测定的主要内容和步骤。

7.7.7　讨论题

水泥生产中影响水泥初凝和终凝时间的最主要因素有哪几项？

7.8　水泥安定性

7.8.1　实验目的

（1）了解测定水泥体积安定性的意义；
（2）熟悉测定过程，并掌握测定设备的操作。

7.8.2　实验原理

水泥体积安定性是指水泥在凝结硬化过程中体积变化的均匀性，可反映水泥浆在凝结硬化后的体积膨胀是否均匀，是评判水泥品质的指标之一，也是保证水泥制品、混凝土工程质量的必要条件。因此，水泥安定性检测是从事水泥行业技术工作者所必须掌握的技能。水泥安定性实验按现行标准（GB/T 1346—2011）有两种测定方法，即雷氏法和试饼法，有争议时以雷氏法为准。

（1）雷氏法（标准法）：观测由两个试针的相对位移所指示的水泥标准稠度净浆体积膨胀的程度。
（2）试饼法（代用法）：观测水泥标准稠度净浆试饼的外形变化程度。

7.8.3　实验仪器、设备及材料

（1）沸煮箱（FZ-31A）：有效容积为 410 mm×240 mm×310 mm，内设算板及两组加热器，能在（30±5）min 内将一定量的试验用水由室温升至沸腾状态，并保持 3 h 以上，如图 7.8.1 所示。

图 7.8.1　FZ-31A 沸煮箱

（2）标准养护箱（HBY-40B）（见图 7.7.2）、玻璃板等。

7.8.4　实验内容

将制备好的待测水泥试饼进行养护，并判定其体积安定性是否合格。

7.8.5　实验步骤及方法

1. 测定前的准备工作

每个试样需成型两个试件，每个雷氏夹需配备质量 75～85 g 的玻璃板两块，凡与水泥净浆接触的玻璃板和雷氏夹内表面都要稍涂上一层油。

2. 使用雷氏夹制备待测水泥试饼

将预先准备好的雷氏夹放在已稍擦油的玻璃板上，并立即将已制好的标准稠度净浆一次装满雷氏夹，装浆时一只手轻轻扶持雷氏夹，另一只手用宽约 10 mm 的小刀插捣数次，然后抹平，盖上稍涂油的玻璃板。将制备好的标准稠度的水泥净浆取出约 150 g，分成两等份，使之成球形，分别放在已涂有一层薄机油的玻璃板上（100 mm×100 mm），轻轻振动玻璃板使水泥浆摊开，并用小刀由边缘向中间抹动，做成直径 70～80 mm、中心约厚 10 mm、边缘渐薄、表面光滑的试饼。

3. 标准养护

将试件移至湿气养护箱内养护（24±2）h 后，给试饼编号，除去玻璃板，检查试饼。

4. 沸　煮

在无缺陷的情况下将试饼置于沸煮箱的算板上，调好水位和水温，使保持在整个沸煮过程中的水位都超过试件，且不需中途添补实验用水。接通电源，开启沸煮箱，在（30±5）min 内加热，并保证在（30±5）min 内升至沸腾。

脱去玻璃板取下试件，先测量雷氏夹针尖端间的距离，精确到 0.5 mm，接着将试件放入沸煮箱水中的算板上，指针朝上，然后在（30±5）min 内加热沸腾并恒沸（180±5）min。

5. 结果判别

沸煮结束后，立即放掉沸煮箱中的水，打开箱盖，待箱体冷却至室温，取出试件，测量试针指针尖端的距离，精确到 0.5 mm。当两试件煮后指针尖端增加距离的平均值不大于 5.0 mm 时，即认为该水泥安定性合格。当两个试件的指针尖端增加距离相差超过 4.0 mm 时，需用同一样品立即重做一次实验。再超过 4.0 mm 则认为该水泥安定性不合格。

7.8.6 实验报告

写出水泥安定性实验的主要步骤和内容。

7.8.7 讨论题

影响水泥安定性的主要因素有哪些？

7.9 水泥胶砂强度检测

7.9.1 实验目的

（1）检验水泥各龄期强度，以确定水泥强度等级；或已知强度等级，检验水泥强度是否满足规范要求；

（2）掌握国家标准 GB/T 17671—1999《水泥胶砂强度检验方法（ISO 法）》；

（3）正确使用仪器设备并熟悉其性能。

7.9.2 实验原理

水泥强度是以水泥胶砂试块强度值来表征的。通过水泥胶砂强度检验实验可以确定不同标号的水泥，以及这些水泥是否符合国家标准规定的抗折强度和抗压强度。

7.9.3 实验仪器、设备及材料

（1）JJ-5 型水泥胶砂搅拌机，如图 7.9.1 所示；

（2）ZT-96 型水泥胶砂振实台，如图 7.9.2 所示；

（3）DKZ-6000 型抗折强度试验机，如图 7.9.3 所示；

（4）SYD 型抗压强度试验机，如图 7.9.4 所示；

（5）抗压夹具；

（6）试模；

（7）刮平尺、养护室等。

注：也可以用 YAW-300C 型微机控制抗压抗折试验机代替 DKZ-6000 型抗折强度试验机和 SYD 型抗压强度试验机。

图 7.9.1　JJ-5 型水泥胶砂搅拌机

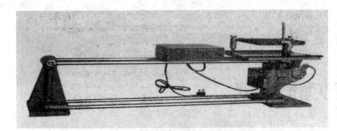

图 7.9.2　ZT-96 型水泥胶砂振实台

图 7.9.3　DKZ-6000 型抗折强度试验机

图 7.9.4　SYD 型抗压强度试验机

7.9.4 实验内容

制备胶砂试体，养护试体，分别测量该试体的抗折强度和抗压强度。

7.9.5 实验步骤及方法

1. 实验前准备

成型前将试模擦净，四周的模板与底板接触面上应涂黄油，紧密装配，防止漏浆，内壁均匀刷一薄层机油。

2. 胶砂制备

实验用砂采用中国 ISO 标准砂，其颗粒分布和湿含量应符合 GB/T 17671—1999 的要求。胶砂的质量配合比为：水泥∶标准砂∶水 = 1∶3∶0.5。1 锅胶砂成型 3 条试体，每锅材料需要量为：水泥（450±2）g，标准砂（1 350±5）g，水（225±1）mL。

3. 搅拌

每锅胶砂需用搅拌机搅拌均匀。可按下列程序操作：① 先把水加入锅里，再加水泥，把锅放在固定架上，上升至固定位置。② 立即开动机器，低速搅拌 30 s 后，在第二个 30 s 开始的同时均匀地将砂子加入；把机器调至高速再搅拌 30 s。③ 停止搅拌 90 s，在第一个 15 s 内用一胶皮刮具将叶片和锅壁上的胶砂刮入锅中间，在高速下继续搅拌 60 s，各个搅拌阶段的时间误差应在 1 s 以内。

4. 试体成型

试件是 40 mm×40 mm×160 mm 的棱柱体。胶砂制备后应立即进行成型。将空试模和模套固定在振实台上，用 1 个适当勺子直接从搅拌锅里将胶砂分两层装入试模，装第一层时，每个槽里约放 300 g 胶砂，用大播料器垂直架在模套顶部沿每一个模槽来回一次将料层播平，接着振实 60 次。再装第二层胶砂，用小播料器播平，再振实 60 次。移走模套，从振实台上取下试模，用一金属直尺以近似 90°的角度架在试模模顶的一端，然后沿试模长度方向以横向锯割动作慢慢向另一端移动，一次将超过试模部分的胶砂刮去，并用同一直尺以近似水平的角度将试体表面抹平。

5. 试体的养护与脱模

（1）脱模前的处理及养护：将试模放入雾室或湿箱的水平架子上养护，湿空气应能与试模周边接触。另外，养护时不应将试模放在其他试模上。一直养护到规定的脱模时间后取出脱模。脱模前用防水墨汁或颜料对试体进行编号和做其他标记。

（2）脱模：脱模应细心，可用塑料锤、橡皮榔头或专门的脱模器。对于 24 h 龄期的试模，应在破型实验前 20 min 内脱模；对于 24 h 以上龄期的试模，应在 20 ~ 24 h 脱模。

（3）水中养护：将做好标记的试体水平或垂直放在（20±1）℃水中养护，水平放置时刮平面应朝上，养护期间试体之间间隔或试体上表面的水深不得小于 5 mm。

6. 强度实验

（1）强度实验试体的龄期：试体龄期是从加水开始搅拌时算起的。各龄期的试体必须在表 7.9.1 规定的时间内进行强度实验。试体从水中取出后，在强度实验前应用湿布覆盖。

表 7.9.1　各龄期强度实验时间规定

龄　　期	时　　间
24 h	24 h±15 min
48 h	48 h±30 min
72 h	72 h±45 min
3 d	48 h±30 min
7 d	7 d±2 h
>28 d	28 d±8 h

（2）抗折强度实验。

① 每龄期取出 3 条试体先做抗折强度实验。实验前，需擦去试体表面的附着水分和砂粒，清除夹具上圆柱表面黏着的杂物，试体放入抗折夹具内，应使侧面与圆柱接触。

② 采用杠杆式抗折试验机实验时，试体放入前，应使杠杆成平衡状态。试体放入后调整夹具，使杠杆在试体折断时尽可能地接近平衡位置。

③ 抗折实验的加荷速度为（50±10）N/s。

（3）抗压强度实验。

① 抗折强度实验后的断块应立即进行抗压实验。抗压实验需用抗压夹具进行，试体受压面为 40 mm×40 mm。实验前，应清除试体受压面与压板间的砂粒或杂物。实验时，以试体的侧面作为受压面，试体的底面靠紧夹具定位销，并使夹具对准压力机压板中心。

② 压力机加荷速度为（2 400±200）N/s。记录破坏载荷与受压面积比值为抗压强度。

7. 实验结果计算及处理

（1）抗折实验结果：抗折强度按下式计算，精确到 0.1 MPa。

$$R_1 = 1.5 F_1 L / b^3 \tag{7-9-1}$$

式中　R_1——水泥抗折强度，MPa；

　　　F_1——折断时施加于棱柱体中部的载荷，N；

　　　L——支撑圆柱之间的距离，100 mm；

　　　b——棱柱体正方形截面的边长，40 mm。

（2）抗压实验结果：抗压强度按下式计算，精确至 0.1 MPa。

$$R_c = \frac{F_c}{A} \tag{7-9-2}$$

式中　R_c——水泥抗压强度，MPa；

F_c——破坏时的最大载荷，N；

A——受压部分面积，mm^2（40 mm×40 mm = 1 600 mm^2）。

（3）水泥强度等级评定。

① 水泥抗折强度的等级评定：以 1 组 3 个棱柱体抗折结果的平均值作为实验结果。当 3 个强度值中有超出平均值±10% 时，应剔除后再取平均值作为抗折强度实验结果。

② 水泥抗压强度的等级评定：以 1 组 3 个棱柱体上得到的 6 个抗压强度测定值的算术平均值为实验结果。如 6 个测定值中有一个超出 6 个平均值的±10%，就应剔除这个结果，而以剩下 5 个的平均数为结果；如果 5 个测定值中再有超过它们平均数±10%时，则该组结果作废。

7.9.6 实验报告

（1）写出测试水泥抗折和抗压试验的主要步骤。

（2）将测定结果填入表 7.9.2 中。

表 7.9.2 水泥物理性能指标

学生姓名：　　　　　　班级：　　　　　　指导老师：

编号	细度 /%	比表面积 / (m²/kg)	安定性	标准稠度 用水量/%	凝结时间/min		抗折强度/MPa		抗压强度/MPa	
					初凝	终凝	3 d	28 d	3 d	28 d
1										
2										

7.9.7 讨论题

（1）测定凝结时间时应如何确定用水量？

（2）养护条件对强度有什么影响？

（3）影响水泥抗折强度和抗压强度的主要因素有哪些？

8　陶瓷及玻璃实验

8.1　坯料可塑性的测定

可塑性是陶瓷泥料的重要工艺性能，其测定方法有间接法和直接法两种，但到目前为止仍无一种方法能完全符合生产实际情况，因此，国内外正在积极研究适宜的定量测定方法。目前，各研究单位或工厂仍广泛沿用直接法，即用可塑性指标和可塑性指数对黏土或坯料的可塑性进行初步评价。

8.1.1　实验目的

（1）了解坯料的可塑性对生产的指导意义，熟悉影响黏土可塑性的因素；
（2）掌握坯料可塑性的测定原理及测定方法。

8.1.2　实验原理

可塑性是指具有一定细度和分散度的黏土或配合料，加适量水调和均匀，成为含水率一定的塑性泥料，在外力作用下能获得任意形状而不产生裂缝或破坏，并在外力作用停止后仍能保持该形状的能力。可塑性与调和水量与颗粒周围形成的水膜厚度有一定关系。一定厚度的水化膜会使颗粒相互联系，形成连续结构，加大附着力。水膜还能降低颗粒间的内摩擦力，使质点能沿着表面相互滑动，从而产生可塑性而易于塑造各种形状，但加水量过少则连续水膜破裂，内摩擦增加，质点难以滑动，甚至不能滑动而失去可塑性。

干燥的黏土是没有可塑性的，沙子加水调和也是没有可塑性的。由此可见，液体和黏土矿物结构是黏土具有可塑性的必要条件，而适量的液体则是另一个重要条件。

测定可塑性一般有可塑性指标法和可塑性指数法。可塑性指标法是以一定大小的泥球在受力情况下对形状变化的抵抗力，用可塑性指标 n 来表示：

$$n = (d-b) \cdot p$$

式中　n——可塑性指标，mm·kg；
　　　d——球形试样直径，mm；
　　　b——压裂时的厚度，mm；
　　　p——压裂时的压力，kg。

高可塑性黏土的可塑性指标大于 3.6 mm·kg；中可塑性黏土可塑性指标为 2.5～3.6 mm·kg；低可塑性黏土的可塑性指标低于 2.4 mm·kg。

可塑性指数法是通过试样在受力过程中应力与应变之间的关系来确定泥料的可塑性。适用于圆柱体试样，定义可塑度 R 来度量泥料的可塑性。

$$R = A \frac{F_{10}}{F_{50}}$$

式中　　R——泥料的可塑度指数；

　　　　A——常数，对于 ϕ28 mm×38 mm 的试样，此值为 1.80；

　　　　F_{10}、F_{50}——试样压缩 10% 和 50% 时所承受的压力。

8.1.3　实验仪器、设备及材料

KS-B 型可塑性测定仪（见图 8.1.1）、天平、量筒等。

图 8.1.1　可塑性测定仪

8.1.4　实验内容

掌握坯料可塑性的测定方法。

8.1.5　实验步骤及方法

1. 方法一，适用于球形试样

（1）将待测坯料加入 18% 水分，充分调和捏练，使其达到具有正常工作稠度的致密泥团。

（2）将泥团用手搓成泥球，球面光滑无裂纹，球的直径 < 45 mm。

（3）打开电源开关，预热 5 min，高 2 位显示位移（mm），此值应大于球形试样的直径，该值大小可通过"上升"、"下降"键来调节，低四位应为 0。

（4）按"测试"键，高位"0"闪烁，按"↑"键将其置数为 2。再按"测试"键，显示方式 2 状态（状态 2 指示灯亮），同时显示 040.0，此值为球形试样直径的初设值，用卡尺将球形试样直径 d 量出来；按"↑"键和"→"键将其数据修改成测量值（mm），按"测试"键。

（5）将做好的球形试样放入下压板心，按"上升"键，同时仔细观察球形试样，当看到裂纹时，立即按"下降"键，此时电机停止转动，测试仪自动计算，显示改泥料的可塑性指标 n。

（6）按"R"、"S"键复位，准备下一次实验。

2. 方法二，适用于圆柱体试样

（1）将待测坯料加入 18% 水分，充分调和捏练，使其达到具有正常工作稠度的致密泥团。

（2）将泥团放入 ϕ28 mm×38 mm 标准模具中压制成 ϕ28 mm×38 mm 的圆柱体试样。

（3）打开电源开关，预热 5 min，仪表高 2 位显示位移（mm），此时高两位应 > 38 mm，否则应下降使之符合要求，低四位显示压力（N）且低四位应为 0，否则需进行零点测定。

（4）按"测试"键，高位"0"闪烁，按"↑"键将其置数为 1。再按"测试"键，显示方式 1 状态（状态 1 指示灯亮）。

（5）将制好的试样放入压板中心，按"上升"键，仪器在完成试验后停机并自动计算顺序显示该泥料的可塑度指数 R、试样接触压力 F_0、试样压缩 10% 压力 F_{10} 和试样压缩 50% 压力 F_{50} 等数据。

（6）按"R"、"S"键复位，准备下一次实验。

注意事项：

（1）试样加水调和应均匀一致，水分必须是正常操作水分，成型前必须经过充分捏练。

（2）试验操作必须正确，顺序不得颠倒，掌握开裂标准应一致。

8.1.6　实验报告

实验结果记录及处理如表 8.1.1、表 8.1.2 所示。

表 8.1.1　可塑性指标测定记录表

试样编号	圆球直径/mm	可塑性指标 n/（mm·kg）
1		
2		
平均		

表 8.1.2　压力、可塑度测定记录表

试样编号	圆柱体试样尺寸/mm	试样接触压力 F_0/N	试样压缩 10% 压力 F_{10}/N	试样压缩 50% 压力 F_{50}/N	可塑度 R
1					
2					
平均					

8.1.7　讨论题

（1）影响黏土或坯料的可塑性的主要因素有哪些？

（2）黏土或坯料的可塑性对生产配方的选择，坯料的制备，坯体的成型、干燥、烧成有何重要意义？

8.2　泥浆相对黏度及厚化度的测定

在陶瓷材料的生产中，泥浆黏度、厚化度与渗透性是否恰当，将影响球磨、输送、储存、榨泥和上釉等生产工艺。特别是注浆成型时，将直接影响浇注制品的质量。如何调节和控制泥浆的流动度、厚化度，对于满足生产需要，提高产品质量和生产效率，具有十分重要的意义。

8.2.1　实验目的

（1）了解泥浆的稀释原理，选择稀释剂并确定其用量；

（2）了解泥浆性能对陶瓷生产工艺的影响；

（3）掌握泥浆相对黏度、厚化度的测试方法及控制方法。

8.2.2　实验原理

泥浆在流动时，其内部存在着摩擦力。内摩擦力的大小一般用"黏度"的大小来反映，黏度的倒数即为流动度。纯液体和真溶液可根据泊赛定律测定其绝对黏度。对于泥浆这种具有一定结构特点的悬浮体和胶体系统，一般只测定其相对黏度（即泥浆与水在同一温度下，流出相同体积所需时间之比）。黏度越大，流动度就越小。

当流动着的泥浆静止后，常会产生凝聚沉积而稠化，这种现象称为稠化性。这种稠化的程度即为厚化度。

泥浆的流动度与稠化度，取决于泥料的配方组成。即所用黏土原料的矿物组成与性质，泥浆的颗粒分散和配制方法、水分含量和温度，使用电解质的种类。

实践证明，电解质对泥浆流动性等性能的影响是很大的，即使在含水量较少的泥浆内加入适量电解质后，也能得到像含水量多时一样或更大的流动度。因此，调节和控制泥浆流动度和厚化度的常用方法是选择适宜的电解质，并确定其加入量。

在黏土水系统中，黏土粒子带负电，因而黏土粒子在水中能吸附阳离子形成胶团。一般天然黏土粒子上吸附着各种盐的 Ca^{2+}、Mg^{2+}、Fe^{3+}、Al^{3+} 阳离子，其中以 Ca^{2+} 为最多。在黏土系统中，黏土粒子还大量吸附 H^+。在未加电解质时，由于 H^+ 离子半径小，电荷密度大，与带负电的黏土粒子作用力大，易进入胶团吸附层，中和黏土粒子的大部分电荷，使相邻粒子间的同性电荷减少，斥力减小，以至于黏土粒子易于黏附凝聚，而使流动性变差。Ca^{2+} 以及其他高价离子等，由于其电价高（与一价阳离子相比）与黏土粒子间的静电引力大，易进入胶团吸附层，因而产生与上述一样的结果，使流动性变差。如果加入电解质，这种电解质的阳离子离解程度大，且所带的水膜较厚，而与黏土粒子间的作用不大，大部分仅进入胶团的扩散层，使扩散层加厚，电动电位增大，黏土粒子间排斥力增大，故增加了泥浆的流动性。

泥浆的最大稀释度（最低黏度）与其电动电位的最大值相适应。若加入过量的电解质，泥浆中这种电解质的阳离子浓度过高，含有较多的阳离子进入胶团的吸附层，中和黏土胶团的负电荷，从而使扩散层变薄，电动电位下降，黏土胶粒不易移动，使泥浆黏度增加，流动性下降，所以电解质的加入量应有一定的范围。阴离子对稀释作用也有影响。

（1）用于稀释泥浆的电解质必须具备 3 个条件：

① 具有水化能力强的一价阳离子，如 Na^+ 等。

② 能直接离解或水解而提供足够的 OH^-，使分散系统呈碱性。

③ 能与黏土中有害离子发生交换反应，生成难溶的盐类或稳定的络合物。

（2）生产中常用的稀释剂可分为 3 类：

① 无机电解质，如水玻璃、碳酸钠、六偏磷酸钠$(NaPO_3)_6$、焦磷酸钠（$Na_4P_2O_7 \cdot 10H_2O$）等，电解质的用量一般为干坯料质量的 0.3% ~ 0.5%。

② 能生成保护胶体的有机酸盐类，如腐植酸钠、单宁酸钠、柠檬酸钠，松香皂等，用量一般为 0.2% ~ 0.6%。

③ 聚合电解质，如聚丙烯酸盐、羧甲基纤维素、木质素磺酸盐、阿拉伯树胶。

稀释泥浆的电解质，可单独使用或几种混合使用，其加入量必须适当。若过少则稀释作用不完全，过多反而引起凝聚。适当的电解质加入量与合适的电解质种类，对于不同黏土必须通过实验来确定。一般电解质加入量控制在不大于 0.5%（对于干料而言）的范围内。采用复合电解质时，还需注意加入顺序对稀释效果的影响，当采用 Na_2CO_3 与水玻璃或 Na_2CO_3 与单宁酸钠复合时，都应先加入 Na_2CO_3，后加水玻璃或单宁酸钠。

在选择电解质，并确定各电解质的最适宜用量时，一般是将电解质加入黏土泥浆中，并测定该泥浆的流动度。对于泥浆胶体，流动度用相对黏度来表示。

8.2.3 实验仪器、设备及材料

涂-4 黏度计、分析天平、托盘天平、电动搅拌机、黏度计承受瓶、滴定管、秒表、量筒、泥浆杯。

8.2.4 实验内容

泥浆相对黏度、厚化度的测试。

8.2.5 实验步骤及方法

1. 试样的制备

（1）电解质标准溶液的制备。

配制浓度为 5% 或 10% 的 Na_2CO_3，水玻璃（或两者混合）等不同电解质的标准溶液。

电解质应在使用时配制。尤其是水玻璃极易吸收空气中的 CO_2 而降低稀释效果；Na_2CO_3 也必须保存在干燥的地方，以免在空气中变成 $NaHCO_3$，而使泥浆凝聚。

（2）黏土试样的制备。

① 取 2 kg 左右的黏土，磨细、风干、全部通过 100 目筛。

② 若为已制备好的坯泥（釉）浆，可直接取样 3 ~ 4 kg，并测定含水率。其含水率最好低于试验时的含水率。

2. 实验步骤

（1）泥浆需水量的测定。

称 200.0 g 黏土试样（准确至 0.1 g），用滴定管加入蒸馏水，充分拌和至泥浆开始呈流动性为止，可借助微测泥浆杯，观察泥浆是否初呈蠕动。或将泥浆注入黏度计，测定流出 100 mL 的时间为 40 ~ 50 min 来判断，记下加水量 V_0（准确至 0.1 mL）。不同黏土的需水量应变动于 50% ~ 80%。

（2）初步试验。

在呈微动的泥浆中。用滴定管仔细将配好的电解质溶液滴入，不断拌和，记下泥浆呈明显稀释时电解质的加入量。

（3）选择电解质用量。

在编好号的 5 只泥浆杯中，各称取泥样 200.0 ~ 250.0 g（准确至 0.1 g）。各加一定水量调至微微流动。根据初步实验所加电解质的量，选择电解质加入量的范围，其间隔一定（可由大至小，0.5 ~ 0.1 mL）。5 只泥浆杯中加入的电解质溶液量不同，但杯中总液体体积相等。调和后，用小型电动搅拌机搅拌 5 min，用黏度计测定流动度，所选择电解质浓度范围应包括使泥浆获得最大稀释的合适用量。

若为泥（釉）浆，每个杯中加入泥浆 350.0 g，按最大的电解质标准溶液用量在其余杯中加蒸馏水至总体积相等，拌和均匀备用。

（4）相对黏度的测定。

把涂-4 黏度计内外容器洗净、擦干，置于不受振动的平台上，调节黏度计三个支脚的螺丝，使之水平。

检查水平的方法与天平类似。在黏度计环形托架上有一个水平器，当调节到水平时，液泡即在水平器的圆圈内。

把搪瓷杯放在黏度计下面中央位置，黏度计的流出口对准杯的中心。转动开关，把黏度计的流出口堵住，将制备好的试样充分搅拌均匀（可用小型搅拌机搅拌 5 min），借助玻璃棒慢慢地将泥浆倒入黏度计的圆柱形容器中，至恰好装满容器（稍有溢出）为止，用玻璃棒仔细搅拌一下，静置 30 s，立即打开开关，同时启动秒表，眼睛平视容器的出口，待泥浆流断流时，立即关闭秒表，记下时间。这一试样重复测定 3 次，取平均值。

按上述步骤测定相同条件下，流出 100 mL 蒸馏水所需要的时间。

（5）确定最适宜的电解质。

用上述方法测定其他电解质对该黏土的稀释作用，比较泥浆获得最大稀释时的相对黏度，电解质的用量及泥浆获得一定流动度的最低含水量。

（6）厚化度的测定。

泥浆胶体系统的触变性能（在机械外力影响下，流动性增加，外力除去后，变得稠厚）常以厚化度表示。

8.2.6 实验报告

1. 实验记录

记录泥浆与水在同一温度下流出同一体积所需的时间，如表 8.2.1 所示。

表 8.2.1 相对黏度及厚化度测定记录表

试样名称					测定人			测定日期	
试样处理					流出 100 mL 蒸馏水的时间/s			水浴温度/°C	
编号	试样加蒸馏水的毫升数	电解质			黏度试验泥浆干基含水量/%	流出 100 mL 泥浆所需的时间/s		相对黏度	厚化度
		名称	加入电解质的毫升数	电解质等于干样百分数/%		静止 30 s	静止 30 min		
1									
2									
3									
4									
5									
6									

2. 结果计算

（1）按下列公式计算泥浆的相对黏度：

$$相对黏度 = \frac{t_{30\,s}}{t_水}$$

式中 $t_{30\,s}$——泥浆静止 30 s 后，从黏度计中流出 100 mL 所需的时间，s；

$t_水$——水从黏度计中流出 100 mL 所需的时间，s。

取 3 次测定的平均时间进行计算。3 次测定的绝对误差，流出时间在 40 s 以内的不能大于 0.5 s，40 s 以上的不能大于 1 s。计算精确到小数点后一位。

（2）根据泥浆相对黏度与电解质加入量（以毫克当量数/100 g 的干黏土为单位）的关系绘制曲线，再根据转折点判断最适宜的电解质加入量。

（3）比较不同电解质的稀释曲线及不同电解质的作用，从而确定稀释作用良好的电解质及其最适宜的加入量（相对某一种黏土而言）。

（4）泥浆胶体系统的触变性能，常以厚化度来表示：

$$厚化度 = \frac{t_{3\,min}}{t_{30\,s}}$$

式中　$t_{3\,min}$——泥浆在黏度计内静置 3 min 后从黏度计中流出 100 mL 所需要的时间，s；

　　　$t_{30\,s}$——泥浆在黏度计内静置 30 s 后从黏度计中流出 100 mL 所需要的时间，s。

8.2.7　讨论题

（1）电解质稀释泥浆的机理是什么？

（2）电解质应具备哪些条件？

（3）对 H-黏土而言应加入哪种电解质为宜？为什么？

（4）做这个实验对生产有何指导作用？

（5）测定触变性对生产有什么指导意义？

（6）为什么电解质不用固体 Na_2SiO_3 而用水玻璃？

（7）做好相对黏度实验应注意些什么？

（8）评价泥浆性能好坏应从哪几个方面考虑？

8.3　干燥与烧成收缩率的测定

在陶瓷或耐火材料等的生产中，成型后的坯体中都含有较多水分，在煅烧以前必须通过干燥过程将自由水除去。人们早已发现，在干燥过程中随着水分的排出，坯体会不断发生收缩而变形，一般是在形状上向最后一次成型以前的状态扭转，这会影响坯体的造型和尺寸的准确性，甚至使坯体开裂。为了防止这些现象发生，就得测定黏土或坯料的干燥性能。

在陶瓷配方中，可塑性黏土对坯体的干燥性能影响最大。黏土的各项干燥性能对制定陶瓷坯体的干燥过程有着极其重要的意义。干燥收缩大、临界水分和灵敏指数高的黏土，干燥中就容易造成开裂变形等缺陷，干燥过程（尤其在等速干燥阶段）就应缓慢平稳。干燥收缩过大的黏土，常配入一定的黏土熟料、石英、长石等来调节。工厂中根据干燥收缩的大小确定毛坯、模具及挤泥机出口的尺寸；根据干燥强度的高低选择生坯的运输和装窑的方式。因此，测定黏土或坯料的干燥收缩率是十分重要的。

8.3.1　实验目的

（1）掌握黏土或坯料干燥及烧成收缩率的测定方法；

（2）为陶瓷制品生产过程中所用工模刀具的放尺率提供依据；

（3）由黏土或坯料的干燥及烧成收缩率以及由收缩所引起的开裂变形等缺陷的出现，为确定配方、制定干燥制度和烧成制度提供合理的工艺参数依据；

（4）了解黏土或坯料产生干燥和烧成收缩的原因与调节收缩的措施。

8.3.2 实验原理

可塑状态的黏土，或坯料制得的制品在干燥与焙烧后长度或体积都会缩小，这一现象叫"收缩"。收缩分为干燥收缩、烧成收缩和总收缩。

干燥收缩率等于试样中水分蒸发而引起的缩减与试样最初尺寸的比值，以%表示。烧成收缩率等于试样由于烧成而引起的缩减与试样在干燥状态下尺寸的比值，以%表示。

总收缩（或称全收缩）率等于试样由于干燥与烧成而引起的缩减与试样在可塑状态的最初尺寸的比值，以%表示。

干燥收缩、烧成收缩和总收缩通常以线收缩来表征（或以体收缩来表征）。

线收缩是指黏土或坯体在干燥与烧成过程中在长度方向上的尺寸变化。

干燥线收缩的大小与坯料的组成、黏土的矿物类型、颗粒形状、粒径大小、含水量及在干燥时所进行的物理、化学过程有关。干燥收缩的产生是由于试样表面水和孔隙中机械水的扩散和蒸发，使粒子相互靠拢，尺寸减小。干燥收缩停止以后，此时含有的水分为临界水分，临界水分继续排除，造成气孔。

不同的黏土或坯料干燥特征不同，因此，测定其干燥收缩、失重和临界水分，为鉴定坯料的干燥特征、制定干燥工艺制度提供依据。根据干燥收缩率确定模具、半成品尺寸。

在烧成时，会产生一系列物理、化学变化，各种成分氧化分解、气体挥发，易熔物生成玻璃相并填充于颗粒之间，泥料就失去了最初的性质，粒子进一步靠拢，达到最大密度，进一步产生线尺寸的减小，即产生所谓的烧成收缩。

烧成收缩的大小与原料组成、粒径大小、矿物类型、有机物含量、烧成温度及烧成气氛有关。在陶瓷生产中，黏土或黏土坯料在干燥及烧成过程中的收缩变化是两项重要的工艺性质。

8.3.3 实验仪器、设备及材料

（1）游标卡尺，精确度达 0.02 mm；

（2）收缩记号尺；

（3）玻璃板（400 mm × 400 mm × 4 mm）；

（4）碾棍（铝制或木质）；

（5）烘箱、电炉各 1 台；

（6）压制、切制试样的模具；

（7）修坯刀、铁钳、丝绸布。

8.3.4 实验内容

干燥与烧成收缩率的测定。

8.3.5 实验步骤及方法

（1）制备试样。

取经过充分捏练（或真空练泥）的泥料一团，将泥团放在铺有微湿绸布的平板上，上面再铺一层湿绸布，用碾棍有规律地进行碾滚。碾滚时以手轻推碾棍，并更换碾压方向（如碾 4~8 次，每次更换 90°方向），使各方向受力均匀，直到碾到厚度为 8 mm 为止，最后将表面轻轻滚平，去掉表面的湿绸布，用修坯刀切成 50 mm × 50 mm × 8 mm 的试片 5 块，如图 8.3.1 所示。

注浆泥要先制成塑性泥后再按上述步骤制备试样。黏土泥料要按工艺要求粉碎，通过孔径 0.063 mm 的筛，筛余 0.5% 以下，再按上述步骤制备试样。

（2）将制成的薄试样立即小心地放在垫有薄纸的玻璃板上，马上用收缩记号尺做收缩记号。为此，在刚成形试片的正面上，小心划出两条对角线，然后将千分卡尺的脚准确地分开至 50 mm

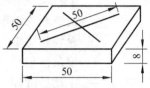

图 8.3.1　泥团试样

处，小心地放在对角线上面，使对角线的交点处在腿的正中间，然后用卡尺轻轻地压下，使它的腿压入泥料 2~3 mm，小心取出卡尺，不要损坏印痕。同样准确地在试片另一对角线上做收缩记号。在划收缩记号时，不得移动试片，并不得用尺压在它上面。编号、记下线长度 L_0。

（3）将划有收缩记号的试样，最初在室温下自然干燥 1~2 天，干燥过程中勤翻动，避免试片紧贴玻璃板，影响收缩。待试片含水率在 5% 以下，目测试片发白后放进烘箱中干燥，放进试片后再升温，依塑性程度控制升温速度，最后在 105~110 ℃ 下烘干 4 h。干燥到恒重为止。冷却后，修坯到整齐、光滑。用卡尺或工具显微镜量出记号长度 L_1（准确至 0.02 mm）。

（4）将测过干燥收缩的试片装入电炉（或试验窑、生产窑）中焙烧，装炉时应使垫片平整并撒上石英砂或 Al_2O_3 粉。

按规定的升温曲线升温、取样。一般焙烧到烧结温度，最后保温 1 h。冷却后，将试片进行检查，有缺陷的丢弃。

用卡尺量出记号间的距离为 L_2（精确到 0.002 mm）。

8.3.6 实验报告

（1）将实验数据记录在表 8.3.1 中。

表 8.3.1　实验记录表

试样名称	试样编号	湿试样记号间距 L_0/mm	干试样记号间距 L_1/mm	烧后试样记号间距 L_2/mm	干燥线收缩/%	烧成线收缩/%	总线收缩/%	备注
	1							
	2							
	3							
	4							
	5							

（2）计算公式：

$$Y_1 = \frac{L_0 - L_1}{L_0} \times 100\%$$

$$Y_2 = \frac{L_1 - L_2}{L_1} \times 100\%$$

$$Y = \frac{L_0 - L_2}{L_0} \times 100\%$$

式中　Y_1——干燥线收缩率，%；

　　　Y_2——烧成线收缩率，%；

　　　Y_3——总线收缩率，%；

　　　L_0——湿试样记号间距离，mm；

　　　L_1——干燥后试样记号间距离，mm；

　　　L_2——烧成后试样记号间距离，mm。

8.3.7　讨论题

（1）黏土或陶瓷坯料的干燥性能对制坯工艺有何重要意义？

（2）测定黏土或陶瓷坯料干燥收缩的原理是什么？

（3）干燥过程分哪几个阶段？坯体在不同阶段发生什么变化？

（4）试述黏土的干燥收缩与其可塑性程度的相互关系。

（5）试述影响黏土原料收缩的一些因素及其原因分析。

（6）测定黏土或陶瓷坯料干燥性能的目的是什么？

8.4　陶瓷材料的成型及烧结

此实验旨在通过模拟陶瓷的生产工艺实际过程，让学生在实验室内学会有关陶瓷生产的坯料制造、坯体成型、瓷器烧结 3 个基本阶段的实验过程。

8.4.1　实验目的

（1）了解陶瓷材料的常用成型原理与方法；

（2）掌握陶瓷模压成型的技术工艺；

（3）掌握陶瓷材料的烧成工艺实验。

8.4.2　实验原理

1. 陶瓷的成型方法

（1）成型前粉料预处理。

为使粉料更适合成型工艺的要求，在需要时应对已粉碎、混合好的原料进行某些预处理。

① 塑化：传统陶瓷材料中常含有黏土，黏土本身就是很好的塑化剂；只有对那些难以成型的原料，为提高其可塑性，需加入一些辅助材料。

a. 黏结剂。常用的黏结剂有：聚乙烯醇、聚乙烯醇缩丁醛、聚乙二醇、甲基纤维素、羧甲基纤维素、羟丙基纤维素、石蜡等。

b. 增塑剂。常用的增塑剂有：甘油、酞酸二丁酯、草酸、乙酸二甘醇、水玻璃、黏土、磷酸铝等。

c. 溶剂。溶剂能溶解黏结剂、增塑剂，并能和物料构成可塑性物质的液体。如水、乙醇、丙酮、苯、醋酸乙酯等。

选择塑化剂要根据成型方法、物料性质、制品性能要求、添加剂的价格以及烧结时是否容易排除等条件，来选择添加剂的种类及其加入量。

② 造粒：粉末越细小，其烧结性能越良好；但由于粉末太细小，其松装比重小、流动性差、装模容积大，因而会出现成型困难、烧结收缩严重、成品尺寸难以控制等问题。为增强粉末的流动性、增大粉末的堆积密度，特别是采用模压成型时，有必要对粉末进行造粒处理。常用的方法是用压块造粒法来造粒：将加好黏结剂的粉料，在低于最终成型压力的条件下，压成块状，然后粉碎、过筛。

③ 浆料：为了适应注浆成型、流延成型、热压铸成型工艺的需要，必须将陶瓷粉料调制成符合各种成型工艺性能的浆料。

（2）模压（干压成型）。

将水分适当的粉料，置于钢模中，在压力机上加压形成一定形状的坯体。干压成型的实质是在外力作用下，颗粒在模具内相互靠近，并借助内摩擦力牢固地把各颗粒联系起来，保持一定的形状。

（3）注浆成型。

注浆成型可分为空心注浆和实心注浆两种成型方式，它是利用石膏模型的吸水性和泥浆的流动性，依靠模型内腔的形状，制作陶瓷坯体的一种成型方法。

2. 陶瓷烧结的原理

烧结的实质是粉坯在适当的气氛下被加热，通过一系列的物理、化学变化，使粉粒间的黏结发生质的变化，坯块强度和密度迅速增加，其他物理、化学性能也得到明显的改善。

经过长期研究，烧结机制可归纳为：① 黏性流动；② 蒸发与凝聚；③ 体积扩散；④ 表面扩散；⑤ 晶界扩散；⑥ 塑性流动等。烧结是十分复杂的物理、化学变化过程，是多种机制作用的结果。坯体在升温过程中相继会发生下列物理、化学变化：

（1）蒸发吸附水，除去坯体在干燥时未完全脱去的水分（约100 ℃）。

（2）粉料中结晶水排除（300～700 ℃）。

（3）分解反应：坯料中碳酸盐等分解，排除二氧化碳等气体（300～950 ℃）。

（4）碳、有机物的氧化：燃烧过程，排除大量气体（450～800 ℃）。

（5）晶型转变：石英、氧化铝等的相转变（550～1 300 ℃）。

（6）烧结前期：经蒸发、分解、燃烧反应后，坯体变得更不致密，气孔可达百分之几十。在表面能减少的推动力作用下，物质通过不同的扩散途径向颗粒接触点（颈部）和气孔部位填充，使颈部不断长大逐步减少气孔体积；细小颗粒间形成晶界，并不断长大；使坯体变得致密化。在这个过程中，连通的气孔不断缩小，晶粒逐渐长大，直至气孔不再连通，形成孤立的气孔，分布在晶粒相交位置，此时坯体密度可达理论密度的 90%。

（7）烧结后期：晶界上的物质继续向气孔扩散、填充，使孤立的气孔逐渐变小，一般气孔随晶界一起移动，直至排出，使烧结体致密化。如继续在高温下烧结，就只有晶粒长大过程。如果在烧结后期，温度升得太快，坯体内封闭气孔来不及扩散、排出，只是随温度上升而膨胀，这样会造成制品的"涨大"，密度反而会下降。某些材料在烧结时会出现液相，加快了烧结的过程，可得到更致密的制品。

（8）降温阶段：冷却时某些材料会发生相变，因而控制冷却制度，也可以控制制品的相组成。如要获得合适相组成的部分稳定的氧化锆固体电解质，冷却阶段的温度控制是很重要的。

坯体烧结后在宏观上的变化是体积收缩、致密度提高、强度增加。因此，可以用坯体收缩率（线收缩率）、气孔率、体积密度与理论密度的比值和机械强度等指标来衡量坯体的烧结程度。

相同的坯体在不同的烧成制度下烧结，会得到生烧、正火、过烧等不同的结果；不同的升温速度也会得到不同的制品。可以从坯体在不同的烧结制度下得到的制品的密度变化来确定最佳烧结制度（可获得最大密度制品的烧结制度为最佳）。

坯体在烧结过程的不同阶段（如脱水、反应、燃烧等）会放出大量气体，如果在这一阶段升温太快，会引起强烈反应；急速排出的大量气体会使坯体开裂、起泡，造成损坏。因此，当温度上升到这些温度段时，应缓慢升温，或长时间保温，减缓反应速度。同样，某些晶型转变也伴随着或多或少的体积变化，也要注意控制温度，减缓变化的速度。

烧结方法分为：常压烧结、气氛烧结、热压烧结、热等静压烧结、自蔓延烧结等。

8.4.3　实验仪器、设备及材料

（1）实验仪器：液压成型机、电子天平、烘箱、程控电阻炉；
（2）实验材料：陶瓷粉料。

8.4.4　实验内容

进行陶瓷的模压成型，并进行烧结。

8.4.5　实验步骤及方法

1. 模压成型

将钢模用毛刷清理干净，为脱模方便，必要时在模具表面涂上一层轻柴油，用天平称取适量粉料，小心倒入模腔内，用手或其他工具将粉料铺展均匀，放入上模块，启动压制开关将粉料压实，提起上模，开启顶出开关，先取出模芯，小心取出坯体，放在托板上，放进烘箱干燥。

2. 烧　结

根据坯料在烧结过程中可能发生反应的温度范围，制定出合理的烧成制度，并将干燥好的试样放入高温炉中进行烧结。

8.4.6　实验报告

（1）记录各操作步骤相应的数据、实验中发生的现象和实验结果。

（2）分析实验结果。

8.4.7　讨论题

（1）影响干压成型坯体质量的因素有哪些？

（2）注浆成型对泥浆的基本要求是什么？

（3）陶瓷的烧结机理是什么？

（4）影响烧成的工艺因素有哪些？

（5）如何制定陶瓷制品的烧成制度？

8.5　陶瓷材料的光泽度、吸水率和热稳定性的测定

光泽度是指试样表面的正面反射光量与在相同条件下来自标准板表面的正面反射光量之比，是油墨、油漆、烤漆、涂料、木制品、建筑装饰材料、塑料、纸张等表面物理性能的一个重要指标。吸水率是衡量陶瓷制品质量的一个重要指标，陶瓷制品中含有开口气孔或闭口气孔，吸水率的大小反映了陶瓷制品中开口气孔的多少。热稳定性也是陶瓷材料的一个重要指标。

8.5.1　实验目的

（1）了解光泽度的测定原理并学会光泽度的测定方法；

（2）学会陶瓷吸水率的测定方法，了解陶瓷吸水率与其理化性能的关系；

（3）掌握陶瓷材料热稳定性的测量方法。

8.5.2　实验原理

光泽度是物体表面的一种物理特性，它主要取决于光源照明和观察的角度。光线照射在试样上，由于试样表面状态不同，导致镜面反射的强弱不同，从而导致光泽度不同，良好的光泽度使材料表面具有优良的镜面反射能力。光泽度定量表示为

$$G_s = K \frac{F_v W_v}{F_i W_i} \qquad\qquad (8\text{-}5\text{-}1)$$

式中　G_s——光泽度（单位为光泽单位）；

　　　$F_i W_i$——在规定的光源角 W_i 内，入射到材料表面的光泽量；

　　　$F_v W_v$——在规定的接收角 W_v 内，从材料表面反射后，接收到的光通量；

　　　K——待定系数，取决于定标条件。

陶瓷制品或多或少含有大小不同、形状不一的气孔。浸渍时能被液体填充的气孔或和大气相通的气孔称为开口气孔；浸渍时不能被液体填充的气孔或和大气不相通的气孔称为闭口气孔。陶瓷中所有开口气孔所吸收的水的质量 ΔG 与其干燥质量 G_0 之比值称为吸水率，如下式所示：

$$W = \Delta G / G_0 = (G_1 - G_0)/G_0 \qquad\qquad (8\text{-}5\text{-}2)$$

式中　W——吸水率，%；

　　　G_0——试样干燥质量，g；

　　　G_1——试样吸水后质量，g。

陶瓷热稳定性测定，国家标准规定的方法为：将陶瓷样品在规定的温度下受热并保温一定时间后迅速投入 20 ℃ 水中冷却，观察样品是否出现裂纹或破损。

8.5.3　实验仪器、设备及材料

（1）实验仪器：KGZ-1C 型智能光泽度仪、TXY 型数显陶瓷吸水率测试仪、天平、烘箱、盛水容器、温度计等；

（2）实验材料：外墙砖、内墙砖、地面砖、红色墨水。

KGZ-1C 型智能光泽度仪如图 8.5.1 所示。

图 8.5.1　KGZ-1C 型智能光泽度仪

该仪器由光源、透镜、接收器和显示仪表等组成。光泽度仪是利用光反射原理对样品的光泽度进行测量，按定角 60° 的几何条件设置平行光路结构，采用经过修正的 C 光源和近似 V_λ 函数修正的光电池接收器，发射和接收透镜均采用特种镜组以提高校准精度。

TXY 型数显陶瓷吸水率测试仪如图 8.5.2 所示。

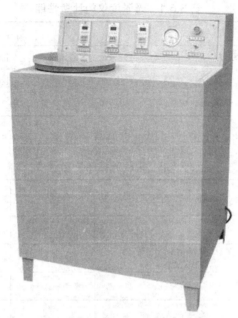

图 8.5.2　TXY 型数显陶瓷吸水率测试仪

该仪器采用机电一体化结构，由真空器、水循环式真空泵、进水电磁阀、放水阀、盛水器及数字式控制器组成；采用全数字化程序控制系统，根据国家标准的吸水率测定方法进行。

8.5.4　实验内容

测量各种陶瓷材料表面的光泽度、吸水率和热稳定性。

8.5.5　实验步骤及方法

1. 光泽度测定

（1）样品处理。将被测样品的表面清理干净，以防测头与标准板和样品之间来回接触，污染标准板。

（2）开机预热。将仪器放在玻璃板上，按动仪器电子开关至"开"，使之处于工作状态，预热 5 min 待用。

（3）校零。将仪器放在标准板盒中专用黑绒布上，使"Ψ"与"Δ"对准，调节"0"旋钮，使显示器读数为 00，调至显示器左端负号"−"刚消失为止。

（4）传递工作标准板光泽度值。将仪器置于高光泽度标准板上，注意定位，使"Ψ"与"Δ"对准，调整"REF"旋钮，直至显示器与工作标准板定的光泽度值（G_s）相等。用同样的方法测定中光泽度标准板的光泽度值（G_s）。

（5）样品测量。将仪器置于被测样品上，此时显示的读数就是被测样品的光泽度（G_s）。

（6）测量结果对比。将标准板读数对照表 8.5.1，若正常则上述测定数值可靠；否则，需重新校零、传递工作标准板的光泽度值（G_s）、测量样品。

表 8.5.1　光泽度仪的计量性能

计量器具	光泽度仪
稳定度	1.0
零值误差	1.0
示值误差	±2.5

（7）实验数据记录。将多次重复测量结果及平均值填入表 8.5.2 中。

表 8.5.2　实验测量结果记录表

数据 ＼ 试样		高光泽度标准板	中光泽度标准板	外墙砖	内墙砖	地面砖
光泽度（G_s）	1					
	2					
	3					
	4					
	5					
	平均					

注意事项：

（1）本仪器的测量方法是相对比较法，调零、调标准值以及测量样品全过程都应在较短时间内完成，若过程拖得太长，因空气中的湿度或灰尘都会影响基准，若有变化，则可能会带来较大误差。

（2）工作标准板是仪器的基准零件，出厂前，其光泽度已经标定，需要加倍爱护，切勿用手触摸其表面，否则 G_s 将变值。

2. 吸水率测定

（1）样品处理。刷净试样表面的灰尘，放入电热烘箱中于 110 ℃ 条件下烘干 2 h 至恒量，然后放入干燥器中自然冷却至室温。

（2）样品称量。将干燥试样放置于天平上称量其质量 G_0（精确至 0.01 g），然后将试样放置在真空容器内的试样架上，盖上盖子。

（3）开机前准备。打开仪器后门，开启真空泵上盖，加适量的蒸馏水，水面高于溢流管口即可，盛水箱加水量要大于真空容器容水量，关闭放水阀。

（4）设定程序时间。

① 设定预抽真空时间 t_1。

根据国标规定所需真空度 0.1 MPa，设定预抽真空时间 $t_1 = 10$ min，一般 4～5 min 即可达到要求的真空度，在此真空度下保持约 5 min（日用陶瓷无此过程）。

② 设定注水时间 t_2。

设定注水时间 $t_2 = 60$ s，使真空容器中水面高于试样架 5 mm 左右即可满足要求。

③ 设定浸泡时间 t_3。

日用陶瓷 $t_3 = 60$ min；建筑卫生陶瓷 $t_3 = 10$ min。

（5）试样浸泡。

① 将电源开关打开，绿色指示灯亮，自动进入测试阶段。

② 当抽真空操作完成后，注水阀自动打开，水箱中蒸馏水慢慢注入真空容器中，注水结束后即可进入浸泡操作。

③ 浸泡操作结束后会发出声光报警，打开放水阀，再揭开真空容器盖子，将真空容器中的蒸馏水放回水箱中，取出试样，切断电源。

（6）试样称量。用已吸水饱和布擦干试样表面的水，称量质量 G_1。然后根据式（8-5-2）计算出陶瓷试样的吸水率。

（7）实验数据记录在表 8.5.3 中。

表 8.5.3　吸水率测定记录表

试样编号	干燥试样质量 G_0/g	吸水后试样质量 G_1/g	吸水率 W/%	预抽真空时间 t_1/min	注水时间 t_2/s	浸泡时间 t_3/min

3. 热稳定性测试

方法一：

（1）将试样（带釉的瓷片或器皿）置于电炉中，逐渐升温到 220 °C，保温 30 min。

（2）试样保温结束，取出样品迅速投入染有红色的 20 °C 水中，浸泡 10 min。

（3）取出试样用布擦干，检查有无裂纹。

（4）如无裂纹，则 24 h 后反复上述实验，直至出现裂纹为止。

方法二：

将试样置于电炉内逐渐升温，从 150 °C 起，每隔 20 °C 将试样取出，投入染有红色的（20 ± 2）°C 的水中急冷一次，直至试样表面出现有裂纹为止，并将此不裂的最高温度为衡量瓷器热稳定性的数据。例如，记为 230 ~ 20 °C 水中交换不裂。

8.5.6　实验报告

（1）简述陶瓷光泽度、吸水率和热稳定性的测量原理。

（2）记录实验结果，并进行处理。

8.5.7　讨论题

（1）造成光泽度测量不准确的因素是什么？

（2）陶瓷吸水率对陶瓷制品质量有什么影响？

（3）陶瓷的热稳定性在使用上有何实际意义？

（4）陶瓷热稳定性与哪些因素有关？

（5）为什么陶瓷的热稳定性很低？

8.6 玻璃制备工艺

8.6.1 实验目的

本实验旨在模拟玻璃材料的生产工艺实际过程，让学生在实验室内学会有关玻璃材料的组成设计、原料选择、配方计算、材料制备、加工以及性能测试等过程的实验研究方法。主要以培养学生创新能力和工程实践能力为原则，巩固对专业课理论知识的学习，为毕业环节和今后的工作打下扎实的基础。

根据所学专业知识、个人爱好和兴趣，查阅资料，选择一种玻璃材料，进行玻璃材料制备工艺及性能测定综合实验。通过模拟玻璃的生产工艺实际过程和有关工艺过程，让学生在实验室条件下，从玻璃组成设计、原料选择、加工和原料成分了解、配方计算和玻璃配合料制备、玻璃熔制、成型、退火、加工到相关检验和理化性能测定全过程得到训练，以达到寻找合理的玻璃成分，了解玻璃熔制过程中各种因素所产生的影响，摸索合理的熔制工艺制度，提出各种数据以指导生产实践等。

8.6.2 实验原理

玻璃的熔制过程是一个相当复杂的过程，它包括一系列物理、化学、物理化学的现象和反应。

物理过程：指配合料加热时水分的排除，某些组成的挥发，多晶转变以及单组分的熔化过程。

化学过程：指各种盐类被加热后结晶水的排除，盐类的分解，各组分间的互相反应以及硅酸盐的形成等过程。

物理化学过程：包括物料的固相反应，共熔体的产生，各组分生成物的互熔，玻璃液与炉气之间、玻璃液与耐火材料之间的相互作用等过程。

由于有了这些反应和现象，由各种原料通过机械混合而成的配合料才能变成复杂的、具有一定物理化学性质的熔融玻璃液。这些反应和现象在熔制过程中常常不是严格按照某些预定的顺序进行的，而是彼此之间有着相互密切的关系。例如，在硅酸盐形成阶段中伴随着玻璃的形成过程，在澄清阶段中同样包含有玻璃液的均化。

纵观玻璃熔制的全过程，就是把合格的配合料加热熔化使之成为合乎成型要求的玻璃液。其实质就是把配合料熔制成玻璃液，把不均质的玻璃液进一步改善成均质的玻璃液，并使之冷却到成型所需要的黏度。因此，也可把玻璃熔制的全过程划分为两个阶段，即配合料的熔融阶级和玻璃液的精炼阶段。

8.6.3　实验仪器、设备及材料

（1）硅钼棒高温电阻炉（1 600 °C，12 kW）（见图 8.6.1）或硅碳棒高温电阻炉（1 400 °C，8 kW）；

（2）箱式电阻炉（1 000 °C，4 kW）（见图 8.6.2）；

（3）陶瓷坩埚、刚玉坩埚或石英坩埚若干，选择的坩埚（见图 8.6.3）大小一般为 300 ~ 500 mL；

（4）其他物品，如坩埚钳（见图 8.6.4）、石棉手套、氧化铝粉、坩埚套、炉铲、加料勺、搅拌棒、墨镜、石棉板、冷却水槽、万用电炉、成型模具等。

图 8.6.1　硅钼棒高温电阻炉

图 8.6.2　SX2-4-10G 型箱式电阻炉

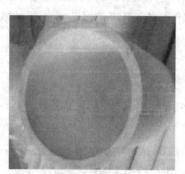

图 8.6.3　坩埚

图 8.6.4　坩埚钳

8.6.4　实验内容

（1）配料计算。根据玻璃组成成分范围，设计自己喜欢的配合料成分，进行配料计算。

（2）确定升温制度。在实验室加热炉允许的范围内由自己确定升温速度和保温时间，并画出升温曲线。

（3）制备合格的配合料。为了保证配合料的准确性，首先必须将原料经过干燥或预先测

定水分含量。根据自己设计的配合料单称取各种原料（精确到 0.01 g），将配合料中难熔原料如石英砂等先置于研钵中研磨，将其他原料加入混合均匀。

（4）熔制玻璃。混合料置于坩埚中，按自己设计的温度曲线熔制玻璃。

（5）把熔制好的玻璃按学生自己设计的模具制成自己喜欢的式样。

（6）玻璃性能的测试。根据所学的玻璃的性能，选择自己喜欢的一种性能进行测试。

8.6.5　实验步骤及方法

1. 玻璃组成设计

玻璃的化学组成是计算玻璃配合料的主要依据，玻璃的化学组成设计是否合理决定了所制备的玻璃物理和化学性质的好坏。改变玻璃的组成即可以改变玻璃的结构状态，使玻璃的性质发生变化。因此，无论是设计新品种玻璃组成还是对原有玻璃组成进行改进，首先都必须从设计玻璃组成开始。

（1）玻璃组成的设计原则。

① 玻璃的组成决定玻璃的结构，而玻璃的结构又决定玻璃的性能。因此，在设计玻璃组成时，要根据组成—结构—性能之间的变化关系，使所设计的玻璃组成满足和达到预定的性能要求。

② 玻璃组成的设计一定要在玻璃理论指导下进行，使设计的组成能够形成玻璃，在设计时，依据玻璃形成图和相图作为方向性指导，使所设计的玻璃组成析晶倾向要小，析晶温度范围要窄，析晶上限温度要低于液相线温度，但在设计微晶玻璃组成时除外。

③ 在实验室条件下设计玻璃组成，一定要根据实验室的熔制条件、成型手段等进行。通常可设计玻璃熔化温度在 1 400 ℃ 左右，成型方法可选择浇铸成型、拉制成型和压制成型。

④ 设计玻璃组成时，要参考实验室现有的常用原料，尽可能减少或不用特殊原料和价格昂贵的原料，使所设计的玻璃组成原料易于获得。

（2）玻璃组成的设计步骤。

① 选择设计题目。

根据玻璃材料制备内容要求，提出设计题目或由学生自选题目。

② 列出设计玻璃的性能要求。

列出所设计玻璃的主要性能要求，作为设计组成的指标。根据设计玻璃材料的用途不同，分别有重点地列出其热膨胀系数、软化点、热稳定性、化学稳定性、机械强度、光学性质、电学性质等要求指标。有时还要将工艺性能的要求一并列出，如熔制温度、成型操作性能和退火温度等作为考虑因素。必要时还应进一步确定升温和降温温度制度曲线。

③ 拟定玻璃的化学组成。

按照前述设计原则，根据所要设计玻璃的性能要求，参考现有玻璃组成和相关文献资料，选择采用适当的玻璃系统，结合设计玻璃材料用途及生产工艺条件，拟定出设计玻璃的最初组成。玻璃组成用质量分数表示。通常为表示方便，参考的现有玻璃组成和拟定的设计组成用表格列出，如表 8.6.1 所示。

表 8.6.1　某玻璃设计组成

成　分	SiO₂	Al₂O₃	B₂O₃	Na₂O	K₂O	CaO	MgO	Fe₂O₃	合　计
参考组成	67.5%	3.5%	20.3%	3.8%	4.9%	—	—	—	100.0%
设计组成	66.5%	3.0%	23.0%	3.7%	3.8%	—	—	—	100.0%

对于新品种玻璃则参考有关相图和玻璃形成图选择组成点，拟出玻璃的最初组成，然后再进一步设计出玻璃的试验组成。

④ 计算玻璃性能。

当设计玻璃组成确定之后，然后按有关玻璃性质计算公式，对所设计玻璃的主要性质进行计算，如果不符合要求，则应当进行组成氧化物的适当增删及其引入量大小的调整，然后再反复进行计算、调整，直至初步符合要求时，即作为设计玻璃的试验组成。

试验组成确定后，应当列出试验玻璃预熔化温度、保温温度、加料温度、退火温度、熔化时间等参数，设计制定熔化工艺制度、退火工艺制度（见图 8.6.5）。有时还应考虑选择使用何种熔化用的坩埚等因素。

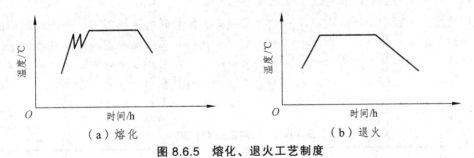

图 8.6.5　熔化、退火工艺制度

2. 玻璃配方的计算

（1）原料的选择。

原料的选择应根据已确定的玻璃组成、玻璃的性质、工艺性能的要求、原料的来源、价格与供应的可靠性等全面地加以考虑。原料选择是否恰当，对原料的加工工艺、玻璃的熔制过程、玻璃的质量、成本等均有影响。因此，在选择原料时应按照以下几个原则进行。

① 原料的质量必须符合要求，而且成分应稳定。

② 原料易于加工处理或应有一定尺寸的粒度大小和粒度比例。通常在实验室条件下，石英砂原料粒度为 40～80 目；对于难熔化原料粒度应小于 100 目。

③ 原料的成本在保证玻璃质量的前提下，尽可能选择低成本原料，而且要能够保障供应。一般玻璃尽可能选用矿物原料，少用化工原料。

④ 所选用的原料应尽可能少用过轻和对人体健康有害的原料，应着重考虑环境影响，其指标应符合国家有关规定。

⑤ 所选择的原料在保证有利于玻璃熔化的前提下，应尽可能少选用对耐火材料和对坩埚侵蚀性大的原料。

⑥ 在选择原料过程中，应说明哪些原料是作为澄清剂、氧化剂、还原剂、着色剂、发泡剂、成核剂来引入的。

（2）原料的化学组成。

原料选择确定后，应对原料进行化学成分分析或查阅有关数据，掌握所选择原料的化学组成。根据所设计的玻璃用途和原料化学组成，确定使用原料的质量等级标准。例如，要求制备高白料玻璃，在选择石英砂时就应对 Fe_2O_3 含量限制在一定范围内，否则影响玻璃的透光性。

实验室现有原料化学成分含量如下：石英砂含 SiO_2 99.74%，纯碱含 Na_2CO_3 98%，硼砂以理论含量计算（参考工艺学）；其他化学原料一般含量在 98%~99%，实验计算时以标签指标为准或以实验室事先告知的成分为准。

（3）配方的计算。

根据玻璃试验组成和所选原料的化学组成进行玻璃配方计算。在实验室条件下制备玻璃，通常是先计算熔制 100 g 玻璃所需的各种原料的干基用量。然后再按需要制备玻璃量的多少计算出干基配合料配料单。

在计算配方时，通常是采用联立方程式法和比例计算相结合的方法。即在联立方程式时，先以适当的未知数表示各种原料的用量，再按照各种原料所引入玻璃中的氧化物与玻璃组成中氧化物的含量关系，列出方程式，求解未知数。

在计算配方过程中，还应考虑原料的挥发损失、加料时的飞扬损失、进入玻璃中的耐火材料成分以及满足工艺要求所需添加的澄清剂、氧化剂、还原剂等辅助原料这些因素。在完成配方计算后，还应计算配合料的气体率和玻璃产率。在实验室条件下制备玻璃材料，根据所用坩埚大小一般每次熔制 300~400 g 玻璃，将所计算的结果以表格形式列出。玻璃配合料配料单如表 8.6.2 所示。

表 8.6.2　玻璃配合料配料单

原料名称	100 g 玻璃	200 g 玻璃	300 g 玻璃	400 g 玻璃
石英砂				
氢氧化铝				
碳酸钙				
碳酸钾				
⋮				
小计				

3. 玻璃配合料的制备

根据所计算的玻璃配方，将所用的各种原料按照一定比例称量、混合即为玻璃配合料。玻璃配合料配制的质量好坏，对玻璃熔制和玻璃材料质量有着很大影响。因此，在配合料的制备工艺过程中，必须做到认真细致、准确无误。

（1）配料程序。

① 当配方确定之后，按照配料单将所需的各种原料按称量的先后顺序排列放置，此时还应认真核对各原料的名称、外观、粒度等，做到准确无误。

② 校准称量用天平，要求天平精确到 0.01 g，同时准备好称量、配料时所用的器具，如研钵、筛子、盆、塑料布等。

③ 按照配料的先后顺序，分别精确称取各原料。称量时称一种原料就随时在配料单上做一个记号，以防重称和漏称。对于块状原料或颗粒度大的原料应事先研磨过筛后再称量。在实验室配料时对于粉状原料最好采取先称量后再研磨过筛预混合。当各种原料称量完后，应称量一次总的质量，若总的质量无误则说明称量准确。称量过程中做到一人称量，一人取料，一人监督（确保配料的准确性）。

④ 将称量好后的各原料进行混合。混合的方法是先预混合后，再过 40 ~ 60 目筛 2 ~ 3 次，然后将配合料倒在一块塑料布上，对角线方向来回拉动塑料布，使配合料进一步达到均匀。

在实验室一般都采用人工配料混合，也有采用 V 型混料机混合。把配合均匀的配合料最后装入料盆备用。

（2）配合料质量要求。

① 配好的配合料要求具有正确性和稳定性。

② 配合料要求具有一定的水分，一般要求水分在 3% ~ 5%。

③ 配合料要求具有一定的均匀度，必须混合均匀。通常要求配合料均匀度大于或等于 95% 为合格。

（3）配合料质量检验。

根据配合料的质量要求，一般常规的检验项目有：配合料含水率的测定和配合料均匀度的测定。

① 配合料含水率的测定。

从混合好的配合料中抽取约 5 g 样品，把样品放到水分快速分析天平上称量 m_1（精确到 0.001 g）。打开天平内的红外线光源，使样品水分快速蒸发，观察天平读数，当读数变化小于 0.000 2 g/min 时，记录样品质量 m_2。按下式计算含水率：

$$W = \frac{m_1 - m_2}{m_1} \times 100\%$$

式中　W——配合料含水率；

　　　m_1，m_2——试样干燥前、后的质量，g。

在无水分快速分析天平时，也可利用天平和电热烘热干燥箱来进行配合料水分测定。

② 配合料均匀度的测定。

配合料均匀度的测定参见性能测试部分。

4. 玻璃的熔制

（1）玻璃的熔制过程。

玻璃的熔制过程是将配合料经过高温加热，配合料发生一系列物理、化学、物理化学的现象和反应，最后使之成为符合要求的玻璃。一般把玻璃的熔制过程分为 5 个阶段，即硅酸盐形成、玻璃形成、玻璃澄清、玻璃均化和玻璃冷却。硅酸盐形成阶段是指配合料各组分在加热过程中经过一系列的物理变化和化学变化，当主要的固相反应结束时，大部分气态产物从配合料中逸出，这时原来的配合料则变成由硅酸盐和二氧化硅组成的不透明烧结物。制备普通的硅酸盐玻璃时，硅酸盐形成温度在 800～900 ℃ 基本结束。

① 玻璃的形成阶段是指烧结物继续加热时即开始熔融,易熔的低共熔混合物首先开始熔化，在熔化的同时发生硅酸盐和剩余二氧化硅的互溶，到这一阶段结束时，烧结物变成了透明体。此时不应有未起反应的配合料颗粒存在，但玻璃液中还有大量气泡，而玻璃本身在化学组成和性质上也不均匀，存在很多条纹。在熔制普通玻璃时，玻璃的形成温度为 1 200～1 250 ℃。

② 玻璃的澄清阶段是指对玻璃继续加热，其黏度降低，并从中放出气态混杂物，即进行去除可见气泡的过程。熔制普通玻璃时，澄清在 1 400～1 500 ℃ 结束，这时玻璃液度 $\eta =$ 10 Pa·s。

③ 玻璃的均化阶段是指玻璃液长时间处于高温下，其化学组成逐渐趋向均一，即由于扩散的作用，使玻璃中条纹、结石消除到允许限度变成均一体。熔制普通玻璃时，均化温度可在低于澄清的温度下完成。

④ 玻璃的冷却阶段是指经澄清均化后将玻璃液的温度降低 200～300 ℃，以便使玻璃具有成型所必需的黏度。

⑤ 玻璃熔制的各个阶段，各有其特点，同时它们又是彼此互相密切联系和相互影响的。在实验室条件下熔制玻璃，5 个阶段是通过控制炉温和熔制时间来达到的，其中主要是控制加料、澄清的温度和时间。为了使玻璃粉料快速、全部、而又不发生"溢料"现象地加入坩埚中，每次加料的温度和时间以玻璃成为半熔状态时的温度为准。澄清阶段的温度最高、时间最长，可根据玻璃组成计算或参考组成相近的玻璃来确定澄清温度。在实验室电炉熔化玻璃的熔制温度曲线如图 8.6.6 所示。

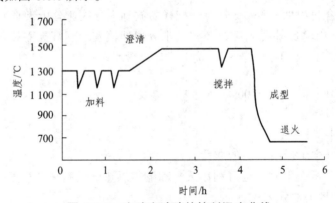

图 8.6.6　实验室玻璃的熔制温度曲线

除特殊需要外，一般炉内压力应保持常压或微正压。

若熔化的玻璃对炉内气氛有要求时，可通过往炉内通入氧气和氮-乙炔混合气来调节。

（2）玻璃的熔制方法。

① 烘烤电炉。

高温炉内的耐火材料和硅钼棒（或硅碳棒），在升温过程中会发生晶型转变，而晶型的转变往往伴随着体积的变化。如果升温速度控制不当，晶型转变不够充分，耐火材料或硅钼棒会因膨胀不均匀而断裂，所以高温电炉的升温制度要根据晶相转变温度来制定。在电炉内放入坩埚套及粗氧化铝粉随炉升温。硅铝棒电炉和马弗炉的烘烤升温曲线如图 8.6.7 所示。

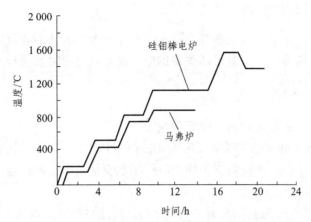

图 8.6.7　硅钼棒电炉和马弗炉的烘烤升温曲线

② 预热坩埚。

坩埚先放入箱式电阻炉中预热，加热至 900 ℃ 保温一定的时间后移入高温电炉中。

③ 加料。

将高温炉升到 1 300 ℃ 左右，向坩埚内加入配合料的 1/2 左右。炉温将有所下降。待回升至加料温度保温 15 min 左右，再根据熔化情况分次加料，直至加完为止。

④ 熔化与澄清。

电炉在 1 300 ℃ 保温 15 min 后，以 5～10 ℃/min 的升温速率升至澄清温度，保温 2 h。

⑤ 搅拌与观察。

在高温炉保温期间，可用不锈钢棒或包有白金的棒搅拌玻璃 1～2 次，同时取样观察，若已无密集小气泡，仅仅有少量大气泡时，玻璃熔制结束，否则需适当延长澄清时间或提高澄清温度。

5. 玻璃的成型

为了满足玻璃测试的需要，减小玻璃试样的加工量，在玻璃成型时就尽量按测试的要求制作试样的毛坯。例如，测定玻璃热膨胀系数需用棒状，透光率用片状等。将成型模具放在电炉上预热，取出坩埚先浇铸一根直径 6 mm 的玻璃棒，长度应不大于 100 mm；其次成型一块 30 mm×30 mm×15 mm 的玻璃块；余下的玻璃液倒在模具板上自由成型或倒入冷水中水淬为颗粒状备用。

6. 玻璃的退火

为了避免冷却过快而造成玻璃炸裂，玻璃毛坯定型后应立即转入退火用的箱式电阻炉中，在退火温度下保温 30 min 左右，然后按照冷却温度制度降温到一定温度后切断电源停止加热，让其随炉自然缓慢冷却至 100 ℃ 以下，出炉，在空气中冷却至室温。

若玻璃试样退火后经应力检验不合格，需重新退火，以防加工时爆裂。重新退火时，首先将样品埋没于装满石英砂的大坩埚中，再把坩埚置于马弗炉内，升温至退火温度保温 1 h，然后停止加热让电炉缓慢降温（必要时在上、下限退火温度范围内，每降温 10 ℃ 保温一段时间），直至 100 ℃ 以下取出。

7. 玻璃的加工及试样制备

成型后的样品毛坯除了极少数能符合测试要求外，大多数还需要再加工。玻璃试样的加工分冷加工和热加工两种。根据制得的玻璃用途，确定测定项目及试样尺寸，然后对其进行加工。

（1）玻璃的冷加工。

玻璃试样的冷加工通常是切割、研磨和抛光等。

① 当玻璃试样比要求的大许多时，需用切割机将其切开。锯片为镶嵌金刚石的圆锯片或碳化硅锯片，其以高速旋转进行切割，切割时应用水冷却。以免因高速切割造成玻璃试样局部温度升高而炸裂。

② 浇铸成型或切割后的玻璃表面一般不平整，尺寸与测试要求也有误差，因此，往往需要进行研磨。磨料采用金刚砂，金刚砂的粒度分别为 0.5 mm、0.3 mm、0.1 mm。为了提高研磨效率和质量，可先用粗粒磨料，待试样磨平或尺寸基本合格时换中等粒度的磨料，最后进行细磨。

③ 根据要求，有些试样的表面需要进行抛光。抛光采用毛毡材质的抛光盘，用红粉（Fe_2O_3）或氧化铈粉作为抛光介质。

（2）玻璃的热加工。

在制作玻璃试样的过程中，有时需要通过热加工来完成。例如，淬冷法测量玻璃热稳定性的试样需烧成圆头，自重伸长法测软化温度的试样要拉制成丝并烧圆头等。热加工的方法是用集中的高温火焰（冲天喷灯）将玻璃样品局部加热，使玻璃表面在软化时靠表面张力的作用变圆滑。若要拉成玻璃丝，可使玻璃条或棒加热软化，用手拉后制成一定直径的玻璃丝。

8. 玻璃性能的测定

玻璃试样的主要性能能否达到要求，需对其进行测定。普通硅酸盐玻璃一般要测定密度、线膨胀系数、软化温度，热稳定性、析晶性能、透光率、透过光谱、应力及化学稳定性等。测定时，根据自己所设计制得的玻璃品种和用途可选 3~5 项性能进行测定，但要求对其他性能的测定方法有一定了解。性能测定完成后，根据测定过程，整理出测试报告，包括测试步骤、方法、原理及所用仪器设备等。

注意事项：

（1）玻璃熔制时一定要用坩埚套，高温炉底板也应垫一层粗氧化铝粉，以防止"溢料"或坩埚炸裂后玻璃液污染侵蚀炉衬。

（2）浇铸成型时，浇铸点和玻璃液流要稳定，避免玻璃内部产生条纹。

（3）在研磨过程中，严防粗细磨料掺混，由粗磨改细磨时，要认真清洗磨盘。细磨要耐心仔细，以节约抛光时间。无论在工厂还是在实验室进行玻璃的研磨和抛光，磨料都应回收反复多次使用。

（4）综合实验的时间较长，影响因素较多，实验时要认真观察、详细记录，出现不满意的结果时要认真分析，找出其原因。除熔制玻璃实验外，其他实验时间可预约自定。

8.6.6 实验报告

（1）做完玻璃实验你最大的收获是什么？

（2）简要描述实验步骤。

（3）实验数据记录；总结各种观察现象与结论。

8.6.7 讨论题

（1）玻璃熔制过程中各个阶段有哪些主要的物理化学变化？

（2）在澄清过程中，可见气泡的排除有哪些方式？

（3）在熔窑和坩埚内熔化同成分、同原料的玻璃时，其质量有无差异，为什么？

（4）熔化玻璃时为什么会出现"溢料"现象？怎样防止？

（5）在玻璃冷加工过程中如何检验玻璃的抛光程度？

（6）玻璃中有几种应力，应力是怎样产生的？

（7）颜色玻璃的制备应注意哪些问题？

（8）如何判断确定玻璃的熔化程度？

（9）分析制得的玻璃材料中缺陷存在的原因。

附　录

玻璃材料的制备工艺及性能检测实验

本次实验参考玻璃组成，以 Na_2O-CaO-SiO_2 玻璃组成为主，建议设计并制备出不同颜色的器皿玻璃制品所用的玻璃材料，并对所设计玻璃进行有关性能计算和测定。

1. 设计玻璃要求及用途

（1）用途。

生产器皿玻璃制品。

（2）性能要求。

热膨胀系数：$85 \sim 88 \times 10^{-7}/°C$（室温 ~ 300 °C）；热稳定性：$\Delta T > 100$ °C；抗水化学稳定性：<3 级。

（3）工艺要求。

熔化温度<1 420 °C，退火温度<570 °C。

（4）颜色。

要求 2 mm 厚时为天蓝色、海蓝色、绿色、紫色、黑色、孔雀蓝色。

（5）成型方法。

人工吹制成型。

2. 设计参考组成

（1）透明器皿玻璃组成（质量分数/%）如表 1 所示。

表 1　透明器皿玻璃组成

成分	SiO_2	Al_2O_3	B_2O_3	CaO	BaO	Na_2O	K_2O	ZnO	Na_2SiF_6	合计
质量分数/%	72.0	0.5	0.8	5.0	0.5	17.5	1.5	1.0	1.2	100.0

（2）乳白器皿玻璃组成（质量分数/%）如表 2 所示。

表 2　乳白器皿玻璃组成

成分	SiO_2	Al_2O_3	B_2O_3	PbO	CaF_2	Na_2O	K_2O	Sb_2O_3	Na_2SiF_6	合计
质量分数/%	62.1	5.2	2.6	4.4	2.6	12.6	2.0	0.5	11.0	100.0

（3）硫碳着色器皿玻璃配方（质量/g）如表3所示。

表3　硫碳着色器皿玻璃配方

成分	石英砂	纯碱	碳酸钙	碳酸钡	萤石	碳酸镁	芒硝	煤粉	氯化钠	二氧化锰	合计
质量/g	100	40	5	2	1.2	12.6	0.2	0.7	1.2	0.5	156.8

（4）红色器皿玻璃组成（质量分数/%）如表4所示。

表4　红色器皿玻璃组成

成分	SiO_2	B_2O_3	ZnO	Na_2O	K_2O	CdS	Se	合计
质量分数/%	62.0	3.0	12.0	9.0	13.2	0.7	0.3	100.0

（5）仿绿玉色玻璃组成（质量分数/%）如表5所示。

表5　仿绿玉色玻璃组成

成分	SiO_2	Al_2O_3	B_2O_3	BaO	S	Na_2O	$K_2Cr_2O_7$	CuO	Na_2SiF_6	合计
质量分数/%	69.2	8.2	0.6	1.6	0.13	17.0	0.15	0.1	3.2	100.0

3. 原料选择

由石英砂引入SiO_2；氢氧化铝引入Al_2O_3；纯碱引入Na_2O；碳酸钙引入CaO；十水硼砂引入B_2O_3；氧化锌引入ZnO；氟硅酸钠引入F。所用澄清剂和着色剂自选并确定百分含量，也可以按占配合料的百分含量加入。

4. 原料化学组成

参考实验室化学药品及原料清单或根据实际确定。

5. 配方计算

以透明器皿玻璃组成为例（以制备100 g玻璃计算各原料用量）。

石英砂用量：$100 : 99.74 = x : 72$，$x = 72 \times 100/99.74 = 72.19$ g；

氢氧化铝用量 $= 100 \times 0.5/(98 \times 0.654) = 0.78$ g；

碳酸钙用量 $= 100 \times 0.5/(98 \times 0.560) = 0.91$ g；

碳酸钾用量 $= 100 \times 1.5/(98 \times 0.681) = 2.25$ g；

十水硼砂用量 $= 100 \times 0.8/(97 \times 0.365) = 2.26$ g；

由2.26 g硼砂引入NaO量 $= 2.26 \times 16.3\% = 0.37$ g；

纯碱用量 $= 100 \times (17.5 - 0.37)/(98 \times 0.585) = 29.88$ g；

碳酸钡用量 $= 100 \times 0.5/(98 \times 0.777) = 0.66$ g；

氧化锌用量 $= 100 \times 1/99 = 1.01$ g；

氟硅酸钠用量 $= 100 \times 1.2/97 = 1.24$ g；

合计：119.38 g。

澄清剂用量计算：

二氧化铈以配合料的 0.5% 引入：$119.38 \times 0.5\%/97\% = 0.62$ g；

硝酸钠以配合料的 3%~4% 引入：$119.38 \times 4\%/98\% = 4.87$ g。

着色剂用量计算（以蓝色玻璃为例）：

氧化铜以配合料的 1%~2% 引入：$119.38 \times 1.5\%/98\% = 1.83$ g。

熔制玻璃配方如表 6 所示。

表 6　玻璃配合料配料单

单位：g

原料名称	100 g 玻璃	200 g 玻璃	300 g 玻璃	400 g 玻璃
石英砂	72.19	144.38	216.57	288.76
氢氧化铝	0.78	1.56	2.34	3.12
碳酸钙	0.91	1.82	2.73	3.64
碳酸钾	2.25	4.5	6.75	9.00
十水硼砂	2.26	4.52	6.78	9.04
纯碱	29.88	59.76	89.64	119.52
碳酸钡	0.66	1.32	1.98	2.64
氧化锌	1.01	2.02	3.03	4.04
氟硅酸钠	1.24	2.48	3.72	4.96
硝酸钠	4.87	9.74	14.61	19.48
二氧化铈	0.62	1.24	1.86	2.48
氧化铜	1.83	3.66	5.49	7.32
小计	126.7	253.4	380.1	506.8

参考文献

[1] 葛利玲. 材料科学与工程基础实验教程[M]. 北京：机械工业出版社，2008.

[2] 陈泉水，郑举功，刘晓东. 材料科学基础实验[M]. 北京：化学工业出版社，2009.

[3] 胡庚祥，蔡珣. 材料科学基础[M]. 上海：上海交通大学出版社，2006.

[4] 潘清林. 金属材料科学与工程实验教程[M]. 长沙：中南大学出版社，2006.

[5] 李慧. 材料科学基础实验教程[M]. 哈尔滨：哈尔滨工业大学出版社，2011.

[6] 谢希文，岳锡华. 金属学实验[M]. 上海：上海科学技术出版社，1987.

[7] 林昭淑. 金属学与热处理实验[M]. 长沙：湖南大学出版社，1986.

[8] 王瑞生. 无机非金属材料实验教程[M]. 北京：冶金工业出版社，2004.

[9] 曾令可，王慧，罗民华. 多孔功能陶瓷制备与应用[M]. 北京：化学工业出版社，2006.

[10] 黄菁菁，徐祖顺，易昌凤. 化学共沉淀法制备纳米四氧化三铁粒子[J]. 湖北大学学报：自然科学版，2007，29：50-52.

[11] 周美玲，等. 材料工程基础[M]. 北京：北京工业大学出版社，2001.

[12] 夏巨谌. 金属塑性成形综合实验[M]. 北京：机械工业出版社，2010.

[13] 崔忠圻. 金属学与热处理[M]. 2版. 北京：机械工业出版社，2007.

[14] 赵品. 材料科学基础教程[M]. 哈尔滨：哈尔滨工业大学出版社，2002.

[15] 仁怀亮. 金相实验技术[M]. 北京：冶金工业出版社，2004.

[16] 那顺桑. 金属材料工程专业实验教程[M]. 北京：冶金工业出版社，2005.

[17] 陈金德，邢建东. 材料成形技术基础[M]. 北京：机械工业出版社，2000.

[18] 沈其文. 材料成型工艺基础[M]. 武汉：华中理工大学出版社，1999.

[19] 邹贵生. 材料加工系列实验[M]. 北京：清华大学出版社，2005.

[20] 姚泽坤. 锻造工艺学与模具设计[M]. 西安：西北工业大学出版社，2001.

[21] 丁松聚. 冷冲模设计[M]. 北京：机械工业出版社，2001.

[22] 刘会杰. 焊接冶金与焊接性[M]. 北京：机械工业出版社，2007.

[23] 周振丰. 焊接冶金学[M]. 北京：机械工业出版社，2002.

[24] 雷世明. 焊接方法与设备[M]. 北京：机械工业出版社，2005.

[25] 孙秋霞. 材料腐蚀与防护[M]. 北京：冶金工业出版社，2001.

[26] 王润. 金属材料物理性能[M]. 北京：冶金工业出版社，1990.

[27] 姜银方. 现代表面工程技术[M]. 北京：化学工业出版社，2009.

[28] 张允城，胡如南，向荣. 电镀手册[M]. 3版. 北京：国防工业出版社，2007.

[29] 李钒. 化学镀的物理化学基础与实验设计[M]. 北京：冶金工业出版社，2011.

[30] 宋志哲. 磁粉检测[M]. 北京：中国劳动社会保障出版社，2007.

[31] 胡学知. 渗透检测[M]. 北京：中国劳动社会保障出版社，2007.

[32] 郑晖，林树青. 超声检测[M]. 北京：中国劳动社会保障出版社，2008.

[33] 《国防科技工业无损检测人员资格鉴定与认证培训教材》编审委员会. 声发射检测[M]. 北京：机械工业出版社，2005.

[34] 《国防科技工业无损检测人员资格鉴定与认证培训教材》编审委员会. 涡流检测[M]. 北京：机械工业出版社，2004.

[35] 闫红强，程捷，金玉顺. 高分子物理实验[M]. 北京：化学工业出版社，2012.

[36] 梁晖，卢江. 高分子化学实验[M]. 北京：化学工业出版社，2010.

[37] 张玥. 高分子化学实验[M]. 北京：化学工业出版社，2010.

[38] 刘长生. 高分子化学与高分子物理综合实验教程[M]. 武汉：中国地质大学出版社，2009.

[39] 何卫东. 高分子化学实验[M]. 合肥：中国科学技术大学出版社，2009.

[40] 杜奕. 高分子化学实验与技术[M]. 北京：清华大学出版社，2008.

[41] 杨海洋，朱平平，何平笙. 高分子物理实验[M]. 合肥：中国科学技术大学出版社，2008.

[42] 冯开才，李谷，符若文，刘振兴. 高分子物理实验[M]. 北京：化学工业出版社，2006.

[43] 韩哲文. 高分子科学实验[M]. 上海：华东理工大学出版社，2005.

[44] 张彩霞. 实用建筑材料试验手册[M]. 北京：中国建筑工业出版社，2011.

[45] 刘东. 建筑材料实验指导[M]. 北京：中国计量出版社，2010.

[46] 谭平. 建筑材料实训[M]. 武汉：华中理工大学出版社，2010.

[47] 钱匡亮. 建筑工程材料实验[M]. 杭州：浙江大学出版社，2009.

[48] 王忠德，张彩霞，方碧华，崔国庆. 实用建筑材料实验手册[M]. 北京：中国建筑工业出版社，2005.

[49] 彭小芹. 建筑材料工程专业实验[M]. 北京：中国建材工业出版社，2004.

[50] 柳俊哲，陈树人，李玉顺，吴健，左红军. 建筑材料[M]. 哈尔滨：东北林业大学出版社，2000.

[51] 中国建材检验认证集团股份有限公司. 水泥化验室手册[M]. 北京：中国建材工业出版社，2012.

[52] 姜玉英. 水泥工艺实验：质量控制与检验[M]. 武汉：武汉理工大学出版社，2011.

[53] 王涛. 无机非金属材料实验[M]. 北京：化学工业出版社，2011.

[54] 黄新友. 无机非金属材料专业综合实验与课程实验[M]. 北京：化学工业出版社，2008.

[55] 陈运本，陆洪彬. 无机非金属材料综合实验[M]. 北京：化学工业出版社，2007.

[56] 伍洪标. 无机非金属材料实验[M]. 北京：化学工业出版社，2006.

[57] 祝桂洪. 陶瓷工艺实验[M]. 北京：中国建筑工业出版社，1997.

[58] 伍洪标. 无机非金属材料实验[M]. 北京：化学工业出版社，2011.

[59] 常钧，黄世峰，刘世权. 无机非金属材料工艺与性能测试[M]. 北京：化学工业出版社，2007.

[60] 黄新友. 非金属材料专业综合实验与课程实验[M]. 北京：化学工业出版社，2008.